内江师范学院本科教学工程项目（JC202002）资助出版

高等院校化学课实验系列教材

精细化学品化学实验

主　编　汪建红　廖立敏

副主编　李建凤　黄　茜　刘义武

WUHAN UNIVERSITY PRESS
武汉大学出版社

图书在版编目(CIP)数据

精细化学品化学实验/汪建红,廖立敏主编;李建凤,黄茜,刘义武副主编.—武汉:武汉大学出版社,2022.9
高等院校化学课实验系列教材
ISBN 978-7-307-23033-0

Ⅰ.精… Ⅱ.①汪… ②廖… ③李… ④黄… ⑤刘… Ⅲ.精细化工—化工产品—化学实验—高等学校—教材 Ⅳ.TQ072-33

中国版本图书馆 CIP 数据核字(2022)第 058314 号

责任编辑:杨晓露 责任校对:李孟潇 版式设计:韩闻锦

出版发行: **武汉大学出版社** (430072 武昌 珞珈山)
(电子邮箱:cbs22@whu.edu.cn 网址:www.wdp.com.cn)
印刷:武汉科源印刷设计有限公司
开本:787×1092 1/16 印张:11.75 字数:239 千字 插页:1
版次:2022 年 9 月第 1 版 2022 年 9 月第 1 次印刷
ISBN 978-7-307-23033-0 定价:30.00 元

前　言

现代化工发展的主流是精细化工（精细化学品生产工业的简称）。"精细化学品化学"是系统阐述各类精细化学品的定义、分类、制备方法、构效关系等理论和方法的一门学科，涉及有机合成、无机材料、分析分离技术、物理化学、生物学、材料学等诸多学科专业，学科的交叉及目标产品的商品化两大特征体现得尤为明显。化学相关专业高年级开设这门课程，有助于学生学习和积累从事精细化工科研工作所需的知识和技能，拓宽知识面，增强就业竞争力。但是要达成培养目标，实验是一个极其重要的教学环节。

"精细化学品化学实验"是化学相关专业的专业实践课。通过本课程的学习，学生对精细化学工业的基本面貌、范畴、各系列主要产品、基本原理、性能、应用和发展趋势将有一个比较全面的了解和掌握，将来能从事精细化学（表面活性剂、化妆品、工业助剂、黏合剂等）科研、生产等方面的工作；使学生对精细化学品化学的制备方法、应用范围和发展方向有较全面的了解，有助于学生学习和积累从事精细化工科研工作所需要的知识和技能。为此，我们在我校教师原有的精细化学品化学实验讲义的基础上，结合近10年的教学改革实践，并参阅了大量相关书籍和科研成果，编写了此教材。

本书中各实验所涉及的精细化学品的制备方法，对于化学相关专业学生均较为实用，因而本书可供高等院校化学、化工类、资源循环科学与工程、制药等专业本专科生使用，也可供其他相关领域的研究人员及研究生作为参考资料。

本书编写工作主要由内江师范学院化学化工学院的汪建红、廖立敏老师完成。汪建红完成了大部分实验的编写，审定了第一章、第二章、其他各章部分实验和附录；廖立敏撰写了第一章、第二章、其他各章部分实验和附录并审定全稿。本书在编写过程中参阅了部分现有教材、科研论文等资料，在此向原作者表示感谢。在编写过程中还得到了相关领导的关心和支持，在此表示衷心的感谢！感谢内江师范学院本科教学工程项目（JC202002）及内江师范学院化学化工学院应用化学重点学科对本书出版的资助。

　　本书编写过程中虽经反复斟酌和修改，但由于编者水平和编写时间的限制，疏漏和不足之处在所难免，恳请同行和读者批评指正。

汪建红　廖立敏

2021 年 10 月

目　　录

第一章　实验室安全知识

精细化学品化学实验中所使用的试剂和溶剂，多数具有易燃性、易爆性和毒性等特点。虽然我们设计实验时尽量选用低毒的溶剂和试剂，但大量使用时，对人体仍会造成一定的伤害，因此防火、防爆、防中毒及用电安全等已成为化学实验者必备的知识，进行化学实验的人员必须经过化学安全知识培训，才能进入实验室进行实验。

一、防火、防爆、防中毒、防灼伤及用电安全

进入实验室开始工作前，应了解水阀门、电闸、灭火器等所在位置。离开实验室时，一定要将室内检查一遍，应将水、电等的开关关好，门窗锁好。

1. 防火

实验中使用的有机溶剂多数具有易燃性，为了防止着火，实验中应注意以下几点：

（1）不能用敞口容器加热或放置易燃、易挥发的化学药品。对于沸点低于80℃的液体，在蒸馏时严禁使用明火直接加热。

（2）尽量防止或减少易燃物气体的外逸，处理和使用易燃物时，应远离明火，注意室内通风，及时将其蒸气排出。

（3）易燃、易挥发的废物，不得随意倒入废液缸和垃圾桶中，应报告管理员，专门存放或处理。

（4）实验室不得存放大量易燃、易挥发性物质。

（5）必须牢记"点明火必须远离有机溶剂，操作易燃溶剂必须远离火源"的原则。

实验过程中一旦发生火灾，切不可惊慌失措，应保持镇静。首先应立即切断实验室内一切火源和电源开关，然后根据具体情况积极、正确地进行抢救和灭火。常用的方法有：

（1）在可燃液体着火时，应立刻移开着火区域内的一切可燃物质，关闭通风器，防止燃烧扩大。若着火面积较小，可用石棉布、湿布、铁片或沙土覆盖，隔绝空气使之熄灭。但覆盖时要轻，避免碰坏或打翻盛有易燃溶剂的玻璃器皿，导致更多的溶剂流出而增大火势。

（2）酒精及其他可溶于水的液体着火时，可用水灭火。

（3）汽油、乙醚、甲苯等有机溶剂着火时，应用石棉布或土扑灭。绝对不能用水，否

则会扩大燃烧面积。

（4）金属钠着火时，可采用沙子覆盖的方法进行灭火。

（5）电线着火时，不能用水及二氧化碳灭火器，应切断电源或用四氯化碳灭火器。

（6）衣服被烧着时，切不要奔走，可用衣服、大衣等包裹身体或躺在地上滚动，以灭火。

（7）发生火灾时注意保护现场，较大的着火事故应立即报火警。

2. 防爆

化学实验中，爆炸事故时有发生，一般以下两种情况容易引起爆炸：

（1）某些易爆化合物，如过氧化物、芳香族多硝基化合物等，在受热或受碰撞时，均会发生爆炸；含过氧化物的乙醚在蒸馏时容易发生爆炸；乙醇和浓硝酸混合在一起，会引起极强烈的爆炸；在空气中混有易燃有机溶剂蒸气或易燃、易爆气体，且它们在空气中的含量达到爆炸极限时，遇明火即可发生燃烧爆炸。

（2）仪器安装不正确或操作不当时，也可引起爆炸。如蒸馏或分馏实验装置未与大气相通，使得反应处于密闭体系中；减压蒸馏中使用不耐压的容器等。

为了防止爆炸事故的发生，应注意以下几点：

（1）使用易燃、易爆物品时，应严格按操作规程操作，且应特别小心。

（2）反应过于猛烈时，应控制加料速度和反应温度，必要时采取冷却措施。

（3）常压操作时，不能在密闭容器内进行加热或反应，反应装置必须有一出口通向大气。

（4）减压蒸馏时，不能用平底烧瓶等不耐压容器作为接收器或反应瓶。

（5）无论是常压蒸馏还是减压蒸馏，均不能将液体蒸干，以免局部过热或产生过氧化物而发生爆炸。

3. 防中毒

大多数化学药品都具有一定的毒性。中毒主要是通过呼吸道和皮肤接触有毒物品而对人体造成危害。因此预防中毒应做到：

（1）称量药品（尤其是有毒物质）时应使用工具，不得直接用手接触。

（2）使用和处理有毒物质时，应在吸毒柜中进行或加气体吸收装置，并戴好防护用具，尽可能避免蒸气外逸，以防造成污染。

（3）如发生中毒现象，应移动中毒者到通风良好的地方，并立即采取解毒措施：轻者先自救，重者立即送医院救治。

一般中毒者的解毒常识：

（1）溅入口中而尚未咽下的毒物应立即吐出，再用大量水冲洗口腔。如已吞下，应根据毒性物质性质给以解毒剂，并立即送医院。

（2）腐蚀性毒物：若是强酸，则先饮大量的水，然后服用氢氧化铝膏、鸡蛋白；若是强碱，也应先饮大量的水，然后服用醋、酸果汁、鸡蛋白。无论是酸或碱中毒皆可饮用大量牛奶，不要吃呕吐剂。

（3）刺激性及神经性毒物：先服牛奶或鸡蛋白使毒物稀释和缓解，再用一大匙硫酸镁（约30g）溶于一杯水中催吐。有时也可用手指伸入喉部促使呕吐，然后立即送医院。

（4）吸入有毒气体中毒：应迅速将中毒者移至室外，解开衣领及纽扣。如吸入少量氯气或溴蒸气，可用碳酸氢钠溶液漱口。

（5）水银温度计打破后，水银容易由呼吸道进入人体，也可以经皮肤直接吸收而引起累积性中毒。严重中毒时口腔有金属味，呼出气体也有该气味；流唾液，齿龈肿痛，牙床及嘴唇上出现蓝黑色硫化汞线；震颤；淋巴腺及唾腺肿大等。若不慎中毒，应送医院急救。急性中毒时，通常用碳粉或呕吐剂彻底洗胃，也可服用蛋白（如1升牛奶加3个鸡蛋清）或蓖麻油解毒并催吐。

4. 防灼伤

皮肤接触了高温、低温或腐蚀性物质后，均可能被灼伤。为了避免灼伤，在接触这些物质时，最好戴橡皮手套和防护眼镜。

发生灼伤时应根据具体情况按下列方法处理：

（1）碱灼伤：立即用大量清水冲洗，再用1%～2%的乙酸或硼酸溶液冲洗，最后再用水冲洗，严重时在伤处涂抹烫伤膏。

（2）酸灼伤：立即用大量清水冲洗，再用1%碳酸氢钠溶液清洗，最后涂上烫伤膏。

（3）溴灼伤：立即用大量清水冲洗，再用酒精擦洗或用2%硫代硫酸钠溶液洗至灼伤处呈白色，然后涂上甘油或鱼肝油软膏加以按摩。

（4）热水烫伤：一般在患处涂上红花油，然后擦烫伤膏。

（5）钠灼伤：先用镊子移去可见的小块钠，其余与碱灼伤处理方法相同。

（6）以上物质一旦溅入眼睛中，应立即用大量清水冲洗，并及时送医院治疗。

5. 用电安全

使用电器时，应先将电器设备上的插头与插座连接好，再打开电源开关。人体不能与电器导电部分直接接触，不能用湿手或手握湿物接触电源插头。使用电器前，应检查线路连接是否正确，电器内外是否保持干燥，不能有水或其他溶剂。为了防止触电，装置和设备的金属外壳应连接地线。实验完成后，应先关掉电源，再拔电源插头。

触电时，可按下述方法之一切断电路：

（1）关闭电源。

（2）用干木棍使导线与触电者分开。

（3）使触电者和土地分离。

急救时，急救者必须做好防触电的安全措施，手或脚必须绝缘。

二、着装、穿戴

（1）为了防止皮肤吸收毒物，防止烧伤、烫伤、冻伤，进入实验室区域工作时，必须穿好工作服。不得穿无袖衫、短裤、裙子、拖鞋、高跟鞋，以及暴露脚背、脚跟的鞋子。

（2）为了避免头发着火或被卷入仪器中，长辫、长发必须扎紧，置于工作服内或戴好工作帽。

（3）在处理强腐蚀性物质时，要穿防护服或围裙，戴乳胶手套、防护眼镜或面罩；处理有毒气体时应戴防毒面具；在高易燃性物质场所，不可穿着会产生火花的化纤材料制成的服装，尤其不可当场穿脱。

第二章　表面活性剂

表面活性剂（surfactant），是指加入的少量能使其溶液体系的界面状态发生明显变化的物质。表面活性剂的分子结构具有两亲性：一端为亲水基团，另一端为疏水基团。亲水基团常为极性基团，如羧酸、磺酸、硫酸、氨基及其盐，羟基、酰胺基、醚键等也可作为极性亲水基团；而疏水基团常为非极性烃链，如 8 个碳原子以上烃链。通过分子中不同部分分别对于两相的亲和，使两相均将其看作本相的成分，分子排列在两相之间，使两相的表面相当于转入分子内部，从而降低表面张力。由于两相都将其看作本相的一个组分，两个相与表面活性剂分子都没有形成界面，通过这种方式部分地消灭了两个相的界面，就降低了表面张力和表面自由能。

人们认识表面活性剂是从洗涤剂开始的。公元前 2500 年和公元前 600 年幼发拉底河流域的人们和腓尼基人就开始利用羊油和草木灰混合煮沸制作肥皂。世界范围内，直到 1850 年，肥皂/洗涤剂/清洗剂，一直是手工大量生产并使用的唯一的表面活性剂。

19 世纪碱的大规模开发带来了制皂业的黄金时期，19 世纪中叶出现了化学合成的表面活性剂，肥皂开始实现工业化生产。纺织业、石油业和煤炭工业的发展为表面活性剂的蓬勃发展带来了契机。

针对肥皂在天然水中容易产生皂垢形成沉淀的缺点，第一种磺化油——土耳其红油出现了，这种油是蓖麻油和硫酸反应的产物。19 世纪末 20 世纪初，随着石油工业的发展，硫酸处理石油得到了石油磺酸，由于溶于酸中呈绿黑色，用碱中和得石油磺酸皂，且水溶性良好，因此称为绿油。绿油是第一种由矿物原料制得的洗涤剂。"一战"期间，德国又利用煤炭发展了短链烷基（通常 1~3 个烷基）萘磺酸盐类表面活性剂，其水溶液湿润性良好，被称为拉开粉。绿油和拉开粉的出现开始了表面活性剂工业的蓬勃发展。

"一战"后，德国又开发了乙二醇衍生物和聚乙二醇衍生物这两类性能优良的非离子型表面活性剂产品。1935 年美国又研制出烷基苯磺酸，烷基苯磺酸盐开始走向市场，在"二战"后几乎独占洗涤剂领域。"二战"后，由于石油处理中得到的更为廉价的乙烯，发展出了乙烯氧化制备环氧乙烷和聚氧乙烯的技术，非离子型表面活性剂的生产和应用迅速发展，也促进了液体表面活性剂的发展。

20 世纪 50 年代早期到 20 世纪 70 年代中期，表面活性剂迎来了发展的黄金时期，新型表面活性剂不断出现并迅速商品化，表面活性剂的品种和产量迅速增加。经过几十年的发展，表面活性剂已经从洗涤剂领域渗透到了生产、生活的各个方面，作为乳化剂、防结块剂、起泡剂、保湿剂、分散剂、防水剂、织物柔软剂、防污剂、防腐剂、润滑剂、浮选剂、防尘剂、表面改性剂、铺展剂、抗静电剂等功能试剂，表面活性剂逐渐从洗涤剂中独立出来成为一种新的功能化精细化学品，形成一个独立的工业门类。目前表面活性剂已具有较大的产量，单从品种上看已经有超过万种的表面活性剂种类，商品牌号也达到万种以上，并以较快的速度迅速增加。20 世纪 30 年代，表面活性剂主要用于纺织工业，约占80%，到 40 年代降至 50%~60%。目前，随着表面活性剂和工业水平的发展，表面活性剂已进入国民经济的各个领域和国家支柱产业，诸如能源工业、冶金、电子、农业、新型材料制备、机械、化纤、印染、造纸、食品等领域，有效改进了生产工艺，提高了效率，改善了产品质量，节约能源，改善环境，被称为"工业味精"。

表面活性剂的分类方法很多，根据疏水基结构进行分类，分为直链、支链、芳香链、含氟长链等；根据亲水基进行分类，分为羧酸盐、硫酸盐、季铵盐、PEO 衍生物、内酯等；按照它的化学结构来分，即当表面活性剂溶解于水后，根据是否生成离子及其电性，分为离子型和非离子型两类。不过，通常意义上我们将表面活性剂分为离子型表面活性剂（包括阳离子型表面活性剂与阴离子型表面活性剂）、非离子型表面活性剂、两性表面活性剂、复配表面活性剂、其他表面活性剂等。本章就简单介绍几种表面活性剂的结构、性质和制备。

实验一 十二烷基硫酸钠的制备

一、实验目的

（1）熟悉阴离子型表面活性剂的结构、作用机理、性能和用途。
（2）熟悉十二烷基硫酸钠的性质和应用价值。
（3）熟悉十二烷基硫酸钠的制备方法和注意事项。
（4）熟悉十二烷基硫酸钠的纯化方法。

二、实验原理

水中电离后起表面活性剂作用的部分带负电荷的表面活性剂称为阴离子型表面活性剂。阴离子型表面活性剂是表面活性剂中发展历史最悠久、产量最大、品种最多的一类产品。从结构上把阴离子型表面活性剂分为羧酸盐、磺酸盐、硫酸酯盐和磷酸酯盐四大类。

按其亲水基团的结构把阴离子型表面活性剂主要分为磺酸盐和硫酸酯盐，是目前阴离子型表面活性剂的主要类别。表面活性剂的各种功能主要表现在改变液体的表面、液-液界面和液-固界面的性质，其中液体的表（界）面性是最重要的。

十二烷基硫酸钠系阴离子型表面活性剂，是一种白色或淡黄色微黏物，易溶于水，可使细胞膜崩解，与膜蛋白疏水部分结合并使其与膜分离，高浓度的十二烷基硫酸钠还可以破坏蛋白质中的离子键和氢键等非共价键，甚至改变蛋白质的构象。十二烷基硫酸钠与阴离子、非离子复配性好，具有良好的乳化、发泡、渗透、去污和分散性能，广泛用于牙膏、香波、洗发膏、洗发香波、洗衣粉、液洗、化妆品和塑料脱模、润滑以及制药、造纸、建材、化工等行业。

十二烷基硫酸钠可先由发烟硫酸、浓硫酸或氯磺酸与十二醇发生酯化反应制备酸式硫酸酯，再用碱液中和制备。硫酸化反应会剧烈放热，为避免局部高温带来的氧化、焦油化、成醚等副反应，该反应应在冷却和搅拌下通过控制加料速度来控制反应速度。其主要反应式如下：

（1）使用氯磺酸和十二醇为原料时：

$$CH_3(CH_3)_{11}OH + ClSO_2OH \longrightarrow CH_3(CH_3)_{11}OSO_3H + HCl \uparrow$$

$$CH_3(CH_3)_{11}OSO_3H + NaOH \longrightarrow CH_3(CH_3)_{11}OSO_3Na + H_2O$$

（2）使用浓硫酸和十二醇为原料时：

$$CH_3(CH_3)_{11}OH + H_2SO_4 \longrightarrow CH_3(CH_3)_{11}OSO_3H + H_2O$$

$$CH_3(CH_3)_{11}OSO_3H + NaOH \longrightarrow CII_3(CH_3)_{11}OSO_3Na + H_2O$$

三、仪器与试剂

主要仪器：三颈烧瓶、回流冷凝管、恒压滴液漏斗、温度计、蒸发皿、集热式磁力加热搅拌器、水循环真空泵、布什漏斗、抽滤瓶等。

主要试剂：十二醇、浓硫酸（或氯磺酸）、氢氧化钠、双氧水等。

四、试剂主要物理常数

试剂名称	分子量	熔点/℃	沸点/℃	密度/g·cm⁻³	水溶解性
十二醇	186.34	24	255~259	0.8201	不溶于水
浓硫酸	98.08	10.36	338	1.84	易溶于水
氢氧化钠	40.0	318.4	1390	2.13	易溶于水
双氧水	34.01	-0.43	158	1.13	易溶于水
十二烷基硫酸钠	288.38	204~207		1.09	溶于水，易溶于热水

五、装置图

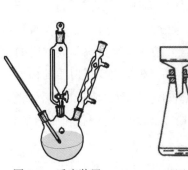

图 2.1 反应装置　　　图 2.2 抽滤装置

六、实验步骤

1. 十二烷基磺酸的制备

在三颈烧瓶内加入 9.5 g（0.05 mol）的月桂醇和搅拌子，按照图 2.1 装上装置。开动搅拌器，瓶外用 25 ℃ 左右水浴冷却，然后通过恒压滴液漏斗慢慢滴入 3.0 mL（0.055 mol）的浓硫酸。控制滴入的速度，使反应保持在 30~35 ℃ 的温度下进行。浓硫酸加完后，继续在 30~35 ℃ 下搅拌 1 h，结束反应，继续搅拌，得到十二烷基磺酸，密封备用。

2. 十二烷基硫酸钠的制备

在冷水浴和搅拌下在烧杯中加入 9 mL 30% 的氢氧化钠溶液，然后再将三颈瓶中制得的十二烷基磺酸慢慢加入此烧杯中，注意控制烧杯中温度在 50 ℃ 以下。加料完毕后继续反应 10 min，测定 pH 值，用 30% 氢氧化钠溶液调节 pH 值至 8~9，冷却。然后加入 30% 双氧水约 0.25 g（0.225 mL），搅拌，漂白，得到稠厚的十二烷基硫酸钠浆液。

3. 烘干

将上述浆液移入蒸发皿，在蒸汽浴上或烘箱内 85 ℃ 左右烘干，压碎后即可得到白色颗粒状或粉状的十二烷基硫酸钠。称重，计算收率。

4. 十二烷基硫酸钠的纯化

方法 1：将十二烷基硫酸钠粗品加入烧杯中，在搅拌下向烧杯中加入 85 ℃ 左右热水至十二烷基硫酸钠达到 1% 的浓度，保持沸水浴下搅拌 5~10 min，趁热抽滤。将滤液冷却结晶，抽滤，烘干，称重。

方法 2：将制得的十二烷基硫酸钠粗品放入圆底烧瓶中，按照 3：100（g·mL⁻¹）的料液比加入 95% 乙醇，然后装上回流冷凝管加热回流至十二烷基硫酸钠完全溶解（必要时可补充适量 95% 乙醇），趁热抽滤，将滤液冷却结晶，待结晶完全，抽滤，烘干，称重。

方法 3：将制得的十二烷基硫酸钠粗品放入烧杯中，加入足量的乙醚使十二醇尽量溶解充分，抽滤，并用少量乙醚洗涤滤饼 2~3 次。将滤饼放在空气中自然风干。然后将此风干后的固体再放到烧杯中，在加热和搅拌下加入足量蒸馏水至十二烷基硫酸钠完全溶解。然后继续加热搅拌至泡沫消失，趁热抽滤。将滤液放置，自然冷却结晶，抽滤，并用少量蒸馏水洗涤滤饼 2~3 次，85 ℃ 左右烘干，称重。

七、注意事项

（1）加料时应先加入十二醇再加浓硫酸，添加浓硫酸时应在恒压滴液漏斗中缓慢滴加，以免温度急剧上升带来大量副产物。

（2）使用氯磺酸时，冷凝管上端应安装一尾气吸收装置，利用稀的氢氧化钠溶液来吸收尾气。

（3）第一步反应完成后进行酸碱中和反应时，也应将十二烷基磺酸慢慢加入 30% 氢氧化钠溶液中。

（4）注意在使用乙醚纯化十二烷基硫酸钠时，第一步抽滤过程中滤饼应该充分压干抽干。

（5）烘干十二烷基硫酸钠时温度不应太高，以免十二烷基硫酸钠发生分解。

八、思考题

（1）为什么加入浓硫酸时要缓慢滴加呢？

（2）使用氯磺酸时，为什么在冷凝管上端应安装一尾气吸收装置？安装时应注意什么？

（3）第一步反应完成后进行酸碱中和反应时，可否将 30% 氢氧化钠溶液加入十二烷基磺酸中？为什么？

（4）分别使用乙醇和乙醚纯化十二烷基硫酸钠时，乙醇和乙醚的作用分别是什么？

（5）为什么烘干十二烷基硫酸钠时温度不应太高呢？

实验二　单硬脂酸甘油酯的制备

一、实验目的

（1）熟悉非离子型表面活性剂的结构、性质和应用。
（2）熟悉单硬脂酸甘油酯的性质和应用。
（3）熟悉单硬脂酸甘油酯的制备方法和注意事项。

二、实验原理

非离子型表面活性剂是指在水溶液中不电离，以羟基（—OH）或醚键（R—O—R′）为亲水基的两亲结构分子。由于羟基和醚键的亲水性弱，因此分子中必须含有多个这样的基团才表现出一定的亲水性，这与只有一个亲水基就能发挥亲水性的阴离子和阳离子型表面活性剂是大不相同的。正是由于非离子型表面活性剂具有在水中不电离的特点，决定了它在某些方面较离子型表面活性剂优越，如在水中和有机溶剂中都有较好的溶解性，在溶液中稳定性高，不易受强电解质无机盐和酸、碱的影响。由于它与其他类型表面活性剂相容性好，所以常可以很好地混合复配使用。非离子型表面活性剂具有良好的耐硬水能力，具有低起泡性的特点，因此适合作特殊洗涤剂。由于它具有分散、乳化、泡沫、润湿、增溶等多种性能，因此在很多领域中都有重要用途。

单脂肪酸甘油酯就是一种重要的非离子型表面活性剂。按照主要组成脂肪酸的名称可将单脂肪酸甘油酯分为单硬脂酸甘油酯、单月桂酸甘油酯、单油酸甘油酯等，其中产量最大、应用最多的是单硬脂酸甘油酯。单脂肪酸甘油酯为白色或淡黄色固体粉末，无刺激性气味，不溶于冷水，但能在热水中形成稳定的水合分散体，能溶于乙醇、植物油和矿物油中。此外，由于它是一种多元醇型非离子型表面活性剂，它的结构具有一个亲油的长链烷基和两个亲水的羟基，因而具有良好的表面活性，能够起乳化、起泡、分散、消泡、抗淀粉老化等作用。单脂肪酸甘油酯对人体无毒，因此广泛应用于食品、医药、化妆品和纺织等行业中，在其他方面可作为消泡剂、分散剂、增稠剂、湿润剂等使用。

单脂肪酸甘油酯有多种合成方法。

1. 直接酯化法

$$\begin{array}{c} CH_2OH \\ | \\ CHOH \\ | \\ CH_2OH \end{array} \quad + \quad RCOOH \quad \underset{}{\overset{H^+}{\rightleftharpoons}} \quad \begin{array}{c} CH_2OCOR \\ | \\ CHOH \\ | \\ CH_2OH \end{array} \quad + \quad H_2O$$

$R = CH_3(CH_2)\overline{_{16}}$，下同。

2. 醇解法

$$RCOOCH_3 \quad + \quad \begin{array}{c} CH_2OH \\ | \\ CHOH \\ | \\ CH_2OH \end{array} \quad \underset{}{\overset{酸或碱}{\rightleftharpoons}} \quad \begin{array}{c} CH_2OCOR \\ | \\ CHOH \\ | \\ CH_2OH \end{array} \quad + \quad CH_3OH$$

上述两种方法工艺成熟，但产物中除了单脂肪酸甘油酯（40%~60%）外，还有较多的二硬脂酸甘油酯（35%～40%）和少量的三硬脂酸甘油酯（5%～15%）。要想提高纯度，获得高纯度的单脂肪酸甘油酯（90%～95%），则需要较复杂的分子蒸馏过程进行分离。

3. 官能团保护法

$$\begin{array}{l} CH_2OH \\ | \\ CHOH \\ | \\ CH_2OH \end{array} + O=C\begin{array}{l} CH_3 \\ \\ CH_3 \end{array} \xrightleftharpoons{TsOH} \begin{array}{l} CH_2OH \\ | \\ CH{-}O \\ | \quad\quad\ C \\ CH_2{-}O \end{array}\begin{array}{l} CH_3 \\ \\ CH_3 \end{array} \xrightarrow{RCOOH} \begin{array}{l} CH_2OCOR \\ | \\ CH{-}O \\ | \quad\quad\ C \\ CH_2{-}O \end{array}\begin{array}{l} CH_3 \\ \\ CH_3 \end{array}$$

$$\xrightarrow[H^+]{H_2O} \begin{array}{l} CH_2OCOR \\ | \\ CHOH \\ | \\ CH_2OH \end{array} + O=C\begin{array}{l} CH_3 \\ \\ CH_3 \end{array}$$

该方法可使单脂肪酸甘油酯获得较高的纯度，因此本实验采用此方法。其反应式为：

$$\begin{array}{l} CH_2OH \\ | \\ CHOH \\ | \\ CH_2OH \end{array} + O=C\begin{array}{l} CH_3 \\ \\ CH_3 \end{array} \xrightleftharpoons[H^+]{TsOH} \begin{array}{l} CH_2OH \\ | \\ CH{-}O \\ | \quad\quad\ C \\ CH_2{-}O \end{array}\begin{array}{l} CH_3 \\ \\ CH_3 \end{array} \xrightleftharpoons[H^+]{RCOOH} \begin{array}{l} CH_2OCOR \\ | \\ CH{-}O \\ | \quad\quad\ C \\ CH_2{-}O \end{array}\begin{array}{l} CH_3 \\ \\ CH_3 \end{array}$$

$$\xrightarrow[H^+]{H_2O} \begin{array}{l} CH_2OCOR \\ | \\ CHOH \\ | \\ CH_2OH \end{array} + O=C\begin{array}{l} CH_3 \\ \\ CH_3 \end{array}$$

三、仪器与试剂

主要仪器：磁力加热搅拌器、三颈烧瓶、回流冷凝管、温度计、水循环真空泵、抽滤瓶、布什漏斗、克氏蒸馏头、真空接引管等。

主要试剂：对甲苯磺酸（AR）、甘油（AR）、丙酮（AR）、氯仿（AR）、硬脂酸（AR）、盐酸（AR）等。

四、试剂主要物理常数

试剂名称	分子量	熔点/℃	沸点/℃	密度/g·cm⁻³	水溶解性
甘油	92.09	17.8	290.9	1.263～1.303	易溶于水
丙酮	58.08	-94.9	56.53	0.7845	易溶于水

续表

试剂名称	分子量	熔点/℃	沸点/℃	密度/g·cm⁻³	水溶解性
对甲苯磺酸	172.2	38		1.24	易溶于水
氯仿	119.38	-63.5	61~62	1.4840	微溶于水
硬脂酸	284.48	67~69		0.9408	不溶于水
盐酸	36.5	-114.2	-85	1.19	极易溶于水
单脂肪酸甘油酯	358.56	78~81	476.9	0.958	不溶于水

五、装置图

图 2.3　反应装置

六、实验步骤

1. 缩合反应

向三颈瓶中加入 0.22 g（1.28 mmol）对甲苯磺酸、5.76 g 甘油（4.5 mL，62.5 mmol）、9.3 mL（125 mmol）丙酮和 16 mL 氯仿，然后按照图 2.3 装上温度计、油水分离器和回流冷凝管。开启磁力搅拌，加热升温至 80 ℃ 回流，氯仿作为带水剂带出反应体系生成的水。待反应 1 h 后，观察分水器中的水量，分水器中的水量基本不变后，冷却。一般需要 3 h。

2. 酯化反应

在上述三颈瓶中加入 14.2 g 硬脂酸（50 mmol）、0.22 g（1.28 mmol）对甲苯磺酸和 16 mL 氯仿，然后按照图 2.3 装好装置，启动磁力搅拌，加热升温至回流。待反应 1 h 后，隔一段时间观察一下油水分离器中水的量，若油水分离器中水量基本恒定，则停止加热。

减压蒸馏蒸出残留的氯仿和丙酮，待冷凝管中无液体流出为止，放置冷却。一般需要 4 h。

3. 脱保护作用

在三颈瓶中加入 60 mL 2.0 mol·L^{-1}的盐酸，室温下不断搅拌 1 h。抽滤，并用少量水洗涤滤饼 2~3 次，烘干，称重，回收。

七、注意事项

（1）进行缩合反应和酯化反应时，反应所用仪器都应该事先干燥好。
（2）加料时最好先加固体试剂，再加液体试剂。
（3）缩合反应和酯化反应都应该在搅拌且加热回流下进行。
（4）缩合反应和酯化反应都应该在油水分离器中水量恒定后才能停止。

八、思考题

（1）缩合反应时丙酮、对甲苯磺酸、氯仿的作用分别是什么？
（2）可用什么手段判断缩合反应和酯化反应是否完成？为什么？

实验三　氯化二乙基苄基油酰胺乙基铵的制备

一、实验目的

（1）熟悉阳离子型表面活性剂的结构、性质和用途。
（2）熟悉季铵盐型表面活性剂的结构、性质和用途。
（3）熟悉氯化二乙基苄基油酰胺乙基铵的性质和合成方法。

二、实验原理

阳离子型表面活性剂，主要是含氮的有机胺衍生物，是其分子溶于水发生电离后，由于其分子中的氮原子含有孤对电子，故能以氢键与酸分子中的氢结合，使与亲油基相连的亲水基带正电荷的表面活性剂。亲油基一般是长碳链烃基，亲水基绝大多数为含氮原子的阳离子，少数为含硫或磷原子的阳离子，分子中的阴离子不具有表面活性，通常是单个原子或基团，如氯、溴、醋酸根离子等。阳离子型表面活性剂带有正电荷，与阴离子型表面活性剂所带的电荷相反，两者配合使用一般会形成沉淀，丧失表面活性。它具有良好的杀菌、柔软、抗静电、抗腐蚀等作用和一定的乳化、润湿性能，也常用作相转移催化剂，而且能和非离子型表面活性剂配合使用，主要用作织物柔软剂、油漆油墨印刷助剂、抗静电剂、杀菌剂、沥青乳化剂。

阳离子型表面活性剂在工业上大量使用的历史不长，需求量却逐年快速增长，但是由于它主要用作杀菌剂、纤维柔软剂和抗静电剂等，因此与阴离子型和非离子型表面活性剂相比，使用量相对较少。

按照阳离子型表面活性剂的化学结构，主要可分为胺盐型、季铵盐型、杂环型和啰盐型等四类。季铵盐型阳离子表面活性剂是产量高、应用广的阳离子表面活性剂。在用作织物柔软剂时，由于大部分纤维表面带负电，用季铵盐型阳离子表面活性剂可中和其电荷，因此有较好的抗静电作用。它们能在纤维表面形成疏水油膜，降低纤维的摩擦系数使之具有柔软、平滑的效果，所以可作柔软剂。这种表面活性剂除可作抗静电剂、柔软剂外，还可作护发产品中的头发定型调理剂，纺织工业中的匀染固色剂。但它有使机械生锈的缺点，价格也较贵。在清洗剂中常与非离子型表面活性剂复配成杀菌、消毒清洗剂。

氯化二乙基苄基油酰胺乙基铵就是一种重要的季铵盐型阳离子表面活性剂，表面活性大，起泡力强。但因为它是能溶于水的晶体，因此洗净力差，不能用作洗涤剂，主要用作染料的固色剂、纤维的柔软剂、湿润剂和抗静电剂。

由于氯化二乙基苄基油酰胺乙基铵为季铵盐，一般由叔胺与醇、卤代烃、硫酸二甲酯等烃基化试剂反应制得，因此本实验可先用油酸制备油酰氯，再与 N，N-二乙基乙二胺作用得到 N，N-二乙基-N'-油酰基乙二胺，然后再与苄氯反应，得到产物，主要反应式如下：

$$3n\text{-}C_{17}H_{33}COOH + PCl_3 \longrightarrow 3n\text{-}C_{17}H_{33}COCl + H_3PO_3$$

$$n\text{-}C_{17}H_{33}COCl + H_2NCH_2CH_2N(C_2H_5)_2 \longrightarrow n\text{-}C_{17}H_{33}CONHCH_2CH_2N(C_2H_5)_2 + HCl$$

$$n\text{-}C_{17}H_{33}CONHCH_2CH_2N(C_2H_5)_2 + ClCH_2C_6H_5 \longrightarrow [n\text{-}C_{17}H_{33}CONHCH_2CH_2N(C_2H_5)_2$$

$$CH_2C_6H_5]^+Cl^-$$

三、仪器与试剂

主要仪器：磁力加热搅拌器、三颈烧瓶、回流冷凝管、恒压滴液漏斗、温度计、分液漏斗、蒸馏头、真空接引管等。

主要试剂：油酸、三氯化磷、N，N-二乙基乙二胺、苯、氢氧化钠、苄基氯。

四、试剂主要物理常数

试剂名称	分子量	熔点/℃	沸点/℃	密度/g·cm⁻³	水溶解性
油酸	282.47	13.4	350~360	0.891	不溶于水
三氯化磷	137.33	-93.6	76.1	1.574	溶于水，且会反应
N，N-二乙基乙二胺	116.2	<-70	145~147	0.827	混溶于水

试剂名称	分子量	熔点/℃	沸点/℃	密度/g·cm⁻³	水溶解性
苯	78.11	5.5	80	0.8765	微溶于水
氢氧化钠	40.0	318.4	1390	2.13	易溶于水
苄基氯	126.59	-43	175~179	1.10	不溶于水

五、装置图

图 2.4 反应装置

六、实验步骤

1. 油酰氯的制备

在三颈瓶中加入 14 g（0.05 mol）油酸，按照图 2.4 装上回流冷凝管、恒压滴液漏斗和温度计，温度计浸入液面下。启动磁力搅拌，缓慢滴加 3.45 g（0.025 mol）三氯化磷，使反应温度保持在 25~33 ℃。滴加完毕后，升温到 50~55 ℃，并在此温度下搅拌反应 4 h。将反应混合物倒入分液漏斗，静置待分层清晰（一般要过夜），分去下层，上层的残留液体即产物油酰氯。

2. *N*，*N*-二乙基-*N*′-油酰基乙二胺的制备

将制得的油酰氯重新放回反应瓶，搅拌升温到 60 ℃，然后慢慢滴加 5.4 g（0.045 mol）*N*，*N*-二乙基乙二胺溶于 65 mL 苯中的溶液，控制滴加速度，使反应温度保持在 60~70 ℃。滴加完毕后，保温搅拌 1 h。冷却至室温，用 20% 氢氧化钠溶液调节溶液 pH 值至 7 左右。将反应装置改成蒸馏装置，蒸出苯，残留的主要就是 *N*，*N*-二乙基-*N*′-油酰基乙二胺。

3. 氯化二乙基苄基油酰胺乙基铵

将蒸馏装置改回刚才的搅拌回流装置。搅拌升温至 65 ℃，滴加 6.35 g（0.05 mol）苄基氯。滴加完毕,升温至 75 ℃,保温并继续搅拌 2 h。然后减压蒸馏蒸出残留苄基氯(或者用旋转蒸发器蒸干),即得氯化二乙基苄基油酰胺乙基铵。

七、注意事项

(1)反应开始前,所有仪器必须事先干燥好。

(2)要注意控制三氯化磷的滴加速度,保证反应体系温度在 25~33 ℃,避免副反应过多。

八、思考题

(1)阳离子型表面活性剂有什么特点呢?

(2)阳离子型表面活性剂主要分为哪几类?

(3)季铵盐型阳离子表面活性剂主要有哪些用途呢?

(4)氯化二乙基苄基油酰胺乙基铵可不可以用作洗涤剂呢?为什么?

(5)如果三氯化磷的滴加速度过快,会带来什么结果?

第三章　塑料加工助剂

塑料助剂（plastic additives）又叫塑料添加剂，是聚合物（合成树脂）进行成型加工时为改善其加工性能或改善树脂本身性能所不足而必须添加的一些化合物。广义地讲，塑料助剂包括从树脂合成到塑料制品整个过程所涉及的各种添加剂和化学品，包含合成助剂和加工助剂。合成助剂是指在树脂合成过程中加入的助剂，如调节相对分子质量大小和分布的助剂等，一般不会带入树脂和制品中，因此现代塑料助剂的概念实际上已专指塑料加工助剂。

塑料加工助剂最早出现于 19 世纪末。19 世纪末，第一种有应用价值的合成聚合物诞生，人们开始以为数不多的合成聚合物的加工和应用为对象，并在众多天然和合成化合物中寻找能够改善和提高其加工性、稳定性和应用性的物质，如樟脑、蓖麻油、苯酚、磷酸酯等，即最早的塑料加工助剂。尽管助剂的概念还不清晰，但为后来塑料助剂工业的形成和发展奠定了一定的基础。

从 20 世纪 30 年代初开始至 50 年代末，塑料加工助剂开始从萌生走向形成。一方面，助剂在塑料加工中的作用和地位逐渐为人们所认识，增塑剂、抗氧剂、热稳定剂、阻燃剂等主要助剂类别的改性或稳定化理论体系开始建立；另一方面，以 PVC、聚苯乙烯、聚烯烃等通用塑料为主要应用对象的基本品种实现了工业化生产和商品化供应，助剂工业的雏形逐渐显露。但助剂的门类、市售品种的数量还较少，市场规模还较小，质量管理及性能评价等也不完善，塑料助剂作为一个行业还处于非常幼稚的时期。

20 世纪 50 年代后期开始，塑料助剂的门类逐渐趋于齐全，改性和稳定化的理论体系更加完善，品种开发和市场规模得到了空前的发展。与此同时，一些通用助剂的生产技术进一步得到改进，助剂的性能评价和质量保障体系初步形成，塑料助剂开始成为一个独立的精细化工门类。除民用塑料外，适用于高性能热塑性工程塑料、硬质 PVC 加工等的配套助剂优秀品种不断涌现。

自 20 世纪 80 年代开始，关于塑料加工助剂的理论研究继续深入，功能化、专用化、复合化的塑料加工助剂品种不断出现，助剂在塑料加工和改性中的作用更加突出。随着全球性卫生与安全、环境与生态保护的法规日趋严格和广泛，助剂的清洁生产技术和无毒、无公害品种的开发备受重视，性能更加优异的助剂将不断涌现。

迄今为止，塑料助剂已发展成为精细化工的一个重要分支。目前，塑料助剂的应用范围不断拓展，塑料助剂在塑料成型加工中的作用和地位越来越重要，已经成为塑料制品中不可缺少的重要原材料，是最近几年最具潜力的新材料成员，消费量亦随着增长。据不完全统计，目前全球塑料助剂年消耗量约 7.5 Mt，销售额达 153 亿美元，涉及 1000 多种常规结构化合物和数以千计的商业化品种。

目前塑料助剂主要包括增塑剂、热稳定剂、抗氧剂、光稳定剂、阻燃剂、发泡剂、抗静电剂、防霉剂、着色剂、增白剂、填充剂、偶联剂、润滑剂、脱模剂等。其中着色剂、增白剂和填充剂不是塑料专用化学品，而是泛用的配合材料。本章就简单介绍其中几种加工助剂的制备方法。

实验一　偶氮二甲酰胺的制备

一、实验目的

（1）学习发泡剂的定义和分类。

（2）学习发泡剂的性质和作用。

（3）熟悉偶氮二甲酰胺的性质、合成方法和注意事项。

二、实验原理

发泡剂就是使对象物质成孔的物质。发泡剂有广义与狭义两个概念。广义的发泡剂是指所有其水溶液能在引入空气的情况下大量产生泡沫的表面活性剂或表面活性物质。因为大多数表面活性剂与表面活性物质均有大量起泡的能力，因此，广义的发泡剂包含了大多数表面活性剂与表面活性物质。因而，广义的发泡剂的范围很广，种类很多，其性能品质相差很大，具有非常广泛的选择性。广义的发泡剂的发泡倍数（产泡能力）、泡沫稳定性（可用性）等技术性能没有严格的要求，只表示它有一定的产生大量泡沫的能力，产生的泡沫能否有实际的用途则没有界定。

狭义的发泡剂是指那些不但能产生大量泡沫，而且泡沫具有优异性能，能满足各种产品发泡的技术要求，真正能用于生产实际的表面活性剂或表面活性物质。它与广义发泡剂的最大区别就是其应用价值，体现其应用价值的是其优异性能。其优异性能表现为发泡能力特别强，单位体积产泡量大，泡沫非常稳定，可长时间不消泡，泡沫细腻，和使用介质的相容性好等。狭义的发泡剂就是工业实际应用的发泡剂，一般人们常说的发泡剂就是指这类狭义发泡剂。只有狭义的发泡剂才有研究和开发的价值。

发泡剂可分为化学发泡剂、物理发泡剂和表面活性剂三大类。化学发泡剂是那些经加热分解后能释放出二氧化碳和氮气等气体,并在聚合物组成中形成细孔的化合物;物理发泡剂就是泡沫细孔是通过某一种物质的物理形态的变化,即通过压缩气体的膨胀、液体的挥发或固体的溶解而形成的。发泡剂均具有较高的表面活性,能有效降低液体的表面张力,并在液膜表面双电子层排列而包围空气,形成气泡,再由单个气泡组成泡沫。

常用的物理发泡剂有低沸点的烷烃和氟碳化合物。化学发泡剂又可分为无机发泡剂和有机发泡剂两类。无机发泡剂主要有碳酸盐、水玻璃(即硅酸钠)、碳化硅、炭黑等几类;有机发泡剂则主要有偶氮化合物、磺酰肼类化合物和亚硝基化合物等。

偶氮二甲酰胺(商品名称:发泡剂 ADC)就是一种偶氮化合物类发泡剂,是发泡量最大、性能最优越、用途最广泛的通用型高效发泡剂,是一种白色或淡黄色粉末,无毒,无嗅,不易燃烧,具有自熄性,溶于碱,不溶于汽油、醇、苯、吡啶和水。

早在"二战"期间,德国首先将偶氮二甲酰胺用于塑料的发泡。1950 年由 Uniroyal 公司引入美国,商品名为 Celogen A Z。1959 年 Wallace & Tiernan 公司开发将 ADC 用作面粉改良剂,并于 1962 年获 FDA 许可。20 世纪 70 年代开始,日本开始将 ADC 用于汽车安全气囊和熏蒸剂配方的研究。

目前,偶氮二甲酰胺主要应用于聚氯乙烯、聚乙烯、聚丙烯、聚苯乙烯、聚酰胺、ADC 及各种橡胶等合成材料,适用于拖鞋、鞋底、鞋垫、塑料壁纸、天花板、地板革、人造革、绝热、隔音材料等的发泡,还应用于食品工业,增加面粉团的强度和柔韧性。发泡剂 ADC 具有性能稳定,不易燃,不污染,无毒无味,对模具不腐蚀,对制品不染色,分解温度可调节,不影响固化和成型速度,且采用常压发泡、加压发泡均使发泡均匀,呈细孔结构理想等特点。

偶氮二甲酰胺主要由硫酸肼、尿素与硫酸等缩合成中间体联二脲,再经氧化反应而得成品,本实验采用的是利用双氧水催化氧化联二脲的方法制备偶氮二甲酰胺,其反应式为:

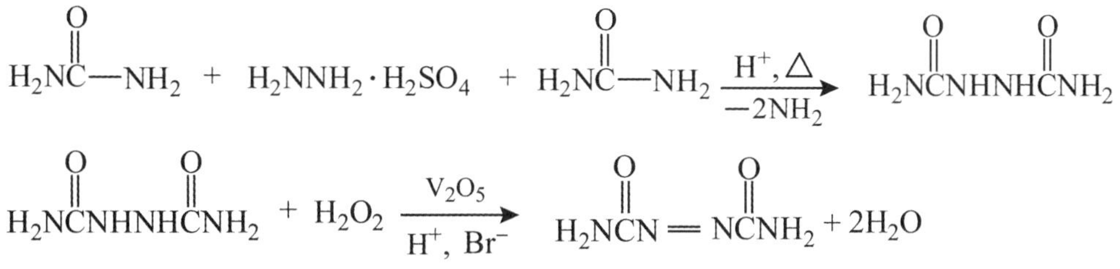

三、仪器与试剂

主要仪器:磁力加热搅拌器、三颈烧瓶、回流冷凝管、温度计、恒压滴液漏斗、水循环真空泵、布什漏斗、抽滤瓶等。

主要试剂：硫酸肼、浓硫酸、尿素、0.05 mol·L^{-1}碘溶液、溴化钠、3 mol·L^{-1}硫酸、五氧化二钒、30%双氧水等。

四、试剂主要物理常数

试剂名称	分子量	熔点/℃	沸点/℃	密度/g·cm^{-3}	水溶解性
硫酸肼	130.12	254		1.378	易溶于热水
硫酸	98.08	10.4	337	1.8305	易溶于水
尿素	60.06	132.7	196.6	1.335	溶于水
溴化钠	102.89	755	1390	3.203	易溶于水
碘	253.8	113	184	1.32	微溶于水
五氧化二钒	182	690	1750	3.35	微溶于水
双氧水	34.01	−0.43	158	1.13	易溶于水
联二脲	118.09	247~250		1.594	难溶于水
偶氮二甲酰胺	116.08	225		1.65	不溶于水

五、装置图

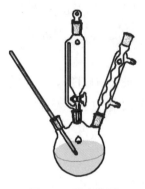

图 3.1　反应装置

六、实验步骤

1. 联二脲的制备

按照图 3.1 装上三颈烧瓶、回流冷凝管、温度计和恒压滴液漏斗，向三颈瓶中加入

13 g（0.1 mol）硫酸肼和 50 mL 水，搅拌均匀，然后慢慢滴加 18 g（0.3 mol）尿素和 30 mL 水混合后的溶液，加完后加入少量硫酸调节体系 pH 值至 1~2，升温至 105 ℃左右油浴并保温回流，回流过程中要保证 pH=2~5，必要时可适当加入少量硫酸。反应开始时液体较为澄清，反应进行 2 h 后开始出现白色浑浊，反应时间达到 5 h 左右时，用 0.05 mol·L^{-1} 的碘溶液检验反应终点，如果保持微黄 30 s 不褪色，则反应已经完成，反之，则未到反应终点。冷却，待结晶完全，抽滤，烘干即得产品联二脲。

2. 偶氮二甲酰胺的制备

按照图 3.1 装上三颈烧瓶、回流冷凝管、温度计和恒压滴液漏斗，向三颈瓶中加入 0.4 g 溴化钠、30 mL 3 mol·L^{-1} 的硫酸，搅拌溶解后加入 0.035 g 五氧化二钒，混合均匀后，再在搅拌下加入 10 g 上一步制备的联二脲，搅拌均匀后，水浴升温至 50 ℃，80 min 内慢慢滴加 10 mL 30%双氧水，滴完后升温至 60~65 ℃，并保温继续搅拌反应 120 min，此时反应瓶内应有红棕色气体产生。冷却，待结晶完全后，抽滤，并在 80~85 ℃下烘干，称重，回收。

七、注意事项

（1）制备联二脲时需要控制反应体系 pH=2~5，必要时可补加硫酸调节 pH 值，且要搅拌均匀。

（2）由于碘可将肼氧化成氮气，而碘单质则转化为碘离子从而失去碘的淡黄色，因此如果加入 0.05 mol·L^{-1} 的碘溶液与反应体系中取出的液体混合后黄色不褪色，说明体系中肼已反应完，已经不存在肼，因此可用此法来判断反应终点。

（3）在使用双氧水氧化联二脲时，双氧水加入速度应放慢，以保证其尽量参与反应，避免在加热下分解。

（4）由于双氧水可将溴离子氧化成溴单质呈现红棕色，因此如果双氧水已将联二脲氧化完全，还有双氧水残留则反应瓶内应有红棕色气体产生，则可以此为依据判断反应是否完成。

八、思考题

（1）广义发泡剂和狭义发泡剂有什么区别呢？

（2）怎么检验制备联二脲的反应是否完成呢？为什么？

（3）为什么双氧水要慢慢加入反应体系中，而不是一次性加入？

（4）如何判断双氧水氧化联二脲反应的终点？

实验二　硫代二丙酸二月桂酯的制备

一、实验目的

(1) 学习抗氧剂的定义和分类。

(2) 学习辅助抗氧剂的结构和性质。

(3) 熟悉硫代二丙酸二月桂酯的结构、性质、合成方法和用途。

二、实验原理

聚合物在氧的作用下，在外观、性能上会出现一系列变化，比如变色、发黏、龟裂、变脆、变形、强度下降等。抗氧剂是一类当其在聚合物体系中仅少量存在时，就可延缓或抑制聚合物氧化过程的进行，从而阻止聚合物的老化并延长其使用寿命的化学物质，又被称为"防老剂"。

抗氧剂的品种主要分为酚类抗氧剂、胺类抗氧剂、硫酯类抗氧剂和亚磷酸酯类抗氧剂，根据作用机理，抗氧剂又分为主抗氧剂和辅助抗氧剂两类。

主抗氧剂又称游离基捕捉剂或游离基链终止剂，主要作用是与自动氧化反应等过程中产生的游离的活泼自由基作用，使之失去活性，从而中断自动氧化过程的传递和延续。主抗氧剂主要就是酚类抗氧剂和胺类抗氧剂。

辅助抗氧剂又称预防抗氧剂、氢过氧化物分解剂，通过有效分解氢过氧化物，防止因其均裂诱发自动氧化反应，可有效抑制或减缓游离基的链式反应，从而达到抗氧目的。辅助抗氧剂单独加入无抗氧作用，只有同主抗氧剂一起加入才能发挥抗氧作用。所以一般不能单独使用，而是多与主抗氧剂协同配合使用，不仅可增强主抗氧化剂的抗氧效果，还可减少主抗氧剂的使用量，提高加工稳定性、颜色稳定性和耐候性。辅助抗氧剂主要包括亚磷酸酯类和硫代酯类化合物。

硫代酯类抗氧剂和酚类等主抗氧剂协同性较好，能明显提高材料长期热氧化稳定性，但加工稳定性较差，有臭味，制品易泛黄。亚磷酸酯类抗氧剂和酚类等主抗氧剂协同性也较好，加工稳定性优良，还能改善产品色泽，且长期热氧化稳定性也比硫代酯类抗氧剂好，它既是氢过氧化物分解剂，也是金属失活剂和醌类化合物的褪色剂。

硫代二丙酸二月桂酯（DLTP），分子式 $C_{10}H_{58}O_4S$，相对分子质量 514.85，学名 3，3′-硫代双（丙酸十二烷酯），一种白色粉末或鳞片状物，具有特殊的甜香气息和类脂气味，不溶于水，溶于丙酮、四氯化碳、苯、石油醚等有机溶剂。在我国允许用于食品的硫醚类抗氧化剂仅有硫代二丙酸二月桂酯一种。作为一种过氧化物分解剂，它能有效地分解油脂自动氧化链反应中的氢过氧化物（ROOH），达到中断链反应的目的，从而延长了油脂及富脂食品的保存期。作为一种油溶性抗氧化剂，它不仅毒性小，而且具有很好的抗氧化性能和稳定性能，同时其价格较低，有很好的开发前景，简称 DLTP。

DLTP 与 BHA（叔丁基对羟基茴香醚）、BHT（2,6-二叔丁基-4-甲基苯酚）等酚类抗氧化剂有协同作用，在生产中加以利用既可提高抗氧化性能，又能降低毒性和成本。DLTP 具有极好的热稳定性，200 ℃下 30 min 损失率只有 0.7%，更适合于焙烤及油炸食品，同时还具有极好的时间稳定性，因此可用于含油脂食品、食用油脂的抗氧化和果蔬的保鲜，还可作为聚乙烯、聚丙烯、ABS 树脂、聚氯乙烯等的辅助抗氧剂。

合成硫代二丙酸二月桂酯的方法主要是：先以丙烯腈为原料，通过与硫化钠缩合生成硫代二丙腈；硫代二丙腈进行酸性水解产生硫代二丙酸；再使硫代二丙酸与月桂醇在酸催化下发生酯化反应生成目标产物。

$$CH_2 {=\!\!=} CHCN \xrightarrow{Na_2S,\ H_2O} S(CH_2CH_2CN)_2 \xrightarrow{H_2SO_4,\ H_2O} S(CH_2CH_2COOH)_2$$

$$\xrightarrow{C_{12}H_{25}OH,\ H^+} S(CH_2CH_2COOC_{12}H_{25})_2$$

三、仪器与试剂

主要仪器：磁力加热搅拌器、三颈烧瓶、回流冷凝管、温度计、恒压滴液漏斗、油水分离器、水循环真空泵、分液漏斗、布什漏斗、抽滤瓶等。

主要试剂：丙烯腈、硫化钠晶体、50%~60%硫酸、浓硫酸、月桂醇、苯、丙酮、无水硫酸镁、95%乙醇等。

四、试剂主要物理常数

试剂名称	分子量	熔点/℃	沸点/℃	密度/g·cm⁻³	水溶解性
丙烯腈	53	−83.6	77.3	0.81	微溶于水
硫化钠	78.04	950		1.86	易溶于水
浓硫酸	98.08	10.36	338	1.84	易溶于水
月桂醇	186.38	24	255~259	0.8309	不溶于水
苯	78.11	5.5	80	0.8765	难溶于水
丙酮	58.08	−94.9	56.5	0.7845	易溶于水
无水硫酸镁	120.36	1124		2.66	溶于水
乙醇	46.07	−114	78	0.789	与水混溶

试剂名称	分子量	熔点/℃	沸点/℃	密度/g·cm⁻³	水溶解性
硫代二丙腈	140.21		340.3	1.092	难溶于水
硫代二丙酸	178.21	131~133			溶于水
硫代二丙酸二月桂酯	514.85	39~40		0.915	难溶于水

五、装置图

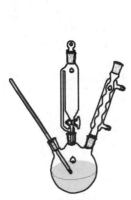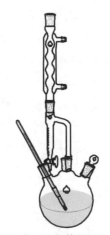

图 3.2　反应装置（一）　　　　图 3.3　反应装置（二）

六、实验步骤

1. 硫代二丙腈的制备

按照图 3.2 安装好三颈瓶、回流冷凝管、恒压滴液漏斗和温度计，向三颈瓶中加入 24 g Na₂S·9H₂O（0.1 mol）和 24 mL 水，启动搅拌使硫化钠晶体溶解，待溶解后放入冰水浴中冷却，然后在搅拌下慢慢滴加 10.6 g（0.2 mol）丙烯腈，滴加时要控制瓶内温度在 18~25 ℃。滴加完毕后在此温度下继续搅拌保温反应 4 h。然后冰水浴冷却至 5 ℃ 左右，瓶底则会析出油状物或晶体。如果出现的是油状物，则用分液漏斗分去水相，并用少量水洗涤有机相 2~3 次；如果出现的是晶体，则抽滤，并用少量水洗涤晶体 2~3 次，最后再抽干，即得硫代二丙腈。

2. 硫代二丙酸的制备

按照图 3.2 安装好三颈瓶、回流冷凝管、恒压滴液漏斗和温度计，向三颈瓶中加入 7.0 g 上一步制备的硫代二丙腈和 10 g 50%~60% 的硫酸，沸水浴下搅拌回流 1 h。冷却，待晶体完全析出，抽滤并用少量冰水洗涤滤饼 2~3 次，再用少量丙酮洗涤，抽滤，烘干即得产品白色晶体硫代二丙酸。

3. 硫代二丙酸二月桂酯的制备

按照图 3.3 安装好三颈瓶、回流冷凝管和温度计，并装上油水分离器。向三颈瓶中加入 5.3 g 上一步制备的硫代二丙酸、11.2 g（0.06mol）月桂醇、100 mL 苯及 0.5 mL 浓硫酸，搅拌回流至油水分离器中出水量接近于计量值 1 mL，且较长时间无小水珠滴下为止。冷却，将反应混合物倒入 50 mL 水中，搅拌，并在分液漏斗中分去水层，有机层用水洗涤至中性，然后使用无水硫酸镁干燥有机层产物。减压蒸馏蒸出未反应的苯和月桂醇。向蒸馏瓶中残留物中加入丙酮至刚好完全溶解（如果颜色太深，则可加入少量活性炭脱色）。将残余物丙酮溶液转移至锥形瓶中，搅拌下向其中逐滴加入 95% 乙醇直至晶体析出，待结晶完全，抽滤即得产品硫代二丙酸二月桂酯。将抽滤后的母液进行浓缩，蒸出部分溶剂，冷却结晶，抽滤即可再次获得部分产品硫代二丙酸二月桂酯。

七、注意事项

（1）在制备硫代二丙腈的过程中，要控制好丙烯腈的滴加速度，避免反应温度过高，要保证瓶内温度在 18~25 ℃。

（2）在制备硫代二丙腈的过程中，冰水冷却后要注意观察判断，并采用正确的方式分离出产品硫代二丙腈。

（3）在制备硫代二丙酸的过程中，结晶完全后抽滤洗涤时，用来洗涤滤饼的水应为温度较低的冰水，且用量要少，以避免产品损失过多。

（4）硫代二丙酸极易吸潮，因此烘干时要充分干燥，以免影响产品理化性质。

（5）在制备硫代二丙酸二月桂酯的过程中，要注意观察油水分离器中的出水量，把握好反应终点。

（6）在制备硫代二丙酸二月桂酯的过程中，减压蒸馏除去多余的苯和月桂醇，并加入丙酮溶解残余物形成丙酮溶液后，如果颜色太深，需加入活性炭脱色后再滴入乙醇使晶体析出。

八、思考题

（1）请简要说明辅助抗氧剂的特点。

（2）请分别介绍硫酯类和亚磷酸酯类抗氧剂的特点。

（3）在硫代二丙酸与月桂醇发生酯化反应时，使用油水分离器有什么好处呢？

（4）如何判断硫代二丙酸与月桂醇酯化反应的终点？

（5）请简要介绍用活性炭对残余物丙酮溶液脱色的操作。

实验三　阻燃剂 2-羧乙基苯基次膦酸的制备

一、实验目的

（1）学习阻燃剂的性质、阻燃机理和分类。

（2）熟悉制备 2-羧乙基苯基次膦酸的反应机理。

（3）熟悉 2-羧乙基苯基次膦酸的制备方法和注意事项。

二、实验原理

阻燃剂主要指赋予易燃聚合物难燃性的功能性助剂，主要是针对高分子材料的阻燃设计的。

阻燃剂的阻燃机理主要有吸热作用、覆盖作用、抑制链反应、不燃气体的窒息作用等，多数阻燃剂是通过若干机理共同作用达到阻燃目的的。

（1）吸热作用。在高温条件下，阻燃剂发生了强烈的吸热反应，吸收燃烧放出的部分热量，降低可燃物表面的温度，有效地抑制可燃性气体的生成，阻止燃烧的蔓延，还能充分发挥其结合水蒸气时大量吸热的特性，提高其自身的阻燃能力。

（2）覆盖作用。在可燃材料中加入阻燃剂后，阻燃剂在高温下能形成玻璃状或稳定的泡沫覆盖层，隔绝氧气，具有隔热、隔氧、阻止可燃气体向外逸出的作用，从而达到阻燃目的。比如有机膦类阻燃剂受热时能产生结构更趋稳定的交联状固体物质或碳化层，碳化层的形成一方面能阻止聚合物进一步热解，另一方面能阻止其内部的热分解产生物进入气相参与燃烧过程。

（3）抑制链反应。阻燃剂可作用于气相燃烧区，捕捉燃烧反应中的自由基，从而阻止火焰的传播，使燃烧区的火焰密度下降，最终使燃烧反应速度下降直至终止。如含卤阻燃剂，它的蒸发温度和聚合物分解温度相同或相近，当聚合物受热分解时，阻燃剂也同时挥发出来。此时含卤阻燃剂与热分解产物同时处于气相燃烧区，卤素便能够捕捉燃烧反应中的自由基，干扰燃烧的链反应进行。

（4）不燃气体的窒息作用。阻燃剂受热时分解出水蒸气、二氧化碳、溴化氢、氯化氢等不燃气体，将可燃物分解出来的可燃气体的浓度冲淡到燃烧下限以下；同时也对燃烧区内的氧浓度具有稀释的作用，阻止燃烧的继续进行，达到阻燃的作用。

阻燃剂有多种类型，一般分为有机阻燃剂和无机阻燃剂。按使用方法分为添加型阻燃剂和反应型阻燃剂。添加型阻燃剂是通过机械混合方法加入聚合物中，使聚合物具有阻燃性的一类阻燃剂。反应型阻燃剂则是作为一种单体参加聚合反应，使聚合物本身含有阻燃成分的，其优点是对聚合物材料使用性能影响较小，阻燃性持久。按照阻燃元素不同，又分为卤系（主要是溴系和氯系）、磷系、硅系、氮系、氮-磷系等类别。

本实验先以苯和三氯化磷在无水三氯化铝的催化下，及氯化钠的作用下生成苯基二氯化膦，再利用制备的苯基二氯化膦与丙烯酸反应，然后加入水水解的方法制备阻燃剂羧乙基苯基次膦酸。

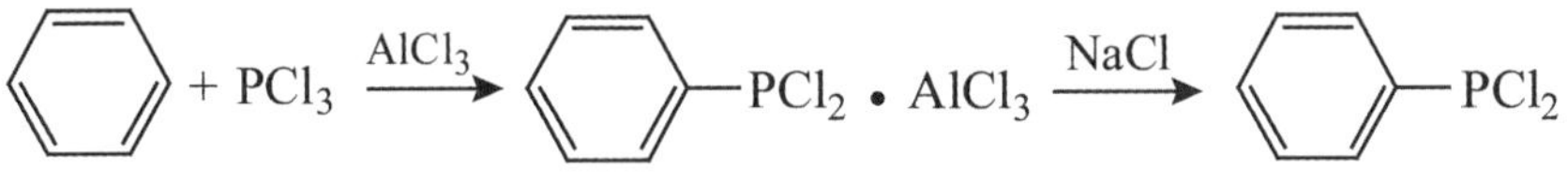

苯基二氯化膦

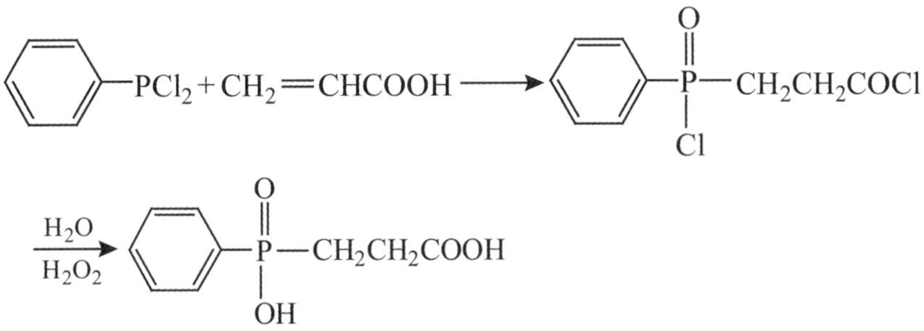

2-羧乙基苯基次膦酸

本实验中路易斯酸无水三氯化铝为催化剂。由于三氯化铝催化反应制得的是苯基二氯化膦与三氯化铝的络合物，所以氯化钠的作用就是将苯基二氯化膦从其络合物中置换出来，便于获得产物。

三、仪器与试剂

主要仪器：磁力加热搅拌器、三颈烧瓶、回流冷凝管、恒压滴液漏斗、温度计、水循环真空泵、布什漏斗、抽滤瓶等。

主要试剂：三氯化磷、无水三氯化铝、苯、石油醚（60~90 ℃）、氯化钠（200目）、丙烯酸、3%双氧水等。

四、试剂主要物理常数

试剂名称	分子量	熔点/℃	沸点/℃	密度/g·cm⁻³	水溶解性
三氯化磷	137.33	−112	76.1	1.574	与水反应
三氯化铝	133.34	194		2.44	易溶于水
苯	78.11	5.5	80	0.8765	难溶于水

续表

试剂名称	分子量	熔点/℃	沸点/℃	密度/g·cm⁻³	水溶解性
石油醚		<-73	60~90	0.64~0.66	不溶于水
氯化钠	58.44	801	1465	2.165	易溶于水
丙烯酸	72.06	13	141	1.05	与水混溶
双氧水	34.01	-0.43	158	1.13	易溶于水
苯基二氯化膦	178.99	-51	222	1.319	与水反应
2-羧乙基苯基次膦酸	214.16	156~159			溶于水

五、装置图

图 3.4 反应装置

六、实验步骤

1. 苯基二氯化膦的制备

按照图 3.4 在油浴中装上烘干的三颈瓶、回流冷凝管、搅拌子、恒压滴液漏斗后，在冷凝管上端开口处连接一个装有干燥剂的干燥管的尾气吸收装置。向三颈瓶中加入 30 mL（0.336 mol）三氯化磷和 16.5 g（0.123 mol）无水三氯化铝，搅拌并升温至 75 ℃左右，缓慢滴加 10 mL（0.112 mol）苯（1 h 内滴完）。滴完后继续在此温度下搅拌反应 4 h，降温冷却至 40~50 ℃，加入 10.5 g（0.179 mol）200 目的氯化钠，并在此温度下继续反应 1 h。然后在 40~50 ℃下每次用 24 mL 混合溶剂（三氯化磷和石油醚体积比 1∶5）萃取反应瓶中产品 4 次。合并萃取液，常压蒸馏至 90 ℃除去其中的石油醚和三氯化磷，残留液体即为苯基二氯化膦。

2. 2-羧乙基苯基次膦酸的制备

按照图 3.4 在油浴中装上烘干的三颈瓶、回流冷凝管、搅拌子、恒压滴液漏斗，向三颈瓶中加入 8 mL（0.117 mol）丙烯酸，升温至 90 ℃，在搅拌下慢慢滴加 12 mL（0.0896 mol）上一步制备的苯基二氯化膦，滴完后，升温至 110 ℃，保温搅拌反应 2 h，然后降温至 75~78 ℃，在搅拌下慢慢加入 70 mL 3% 的双氧水溶液，加完后继续在此温度下水解反应 4 h。然后常压蒸馏浓缩除去大部分水分至有少量晶体出现。冷却结晶。待结晶完全，抽滤，并用少量水洗涤 2~3 次，烘干即得白色粉末状固体，即 2-羧乙基苯基次膦酸粗品。

七、注意事项

（1）本实验原料试剂易吸潮，所以必须无水操作，所有仪器必须提前干燥好，并安装一装有干燥剂的干燥管，避免空气中湿气干扰实验。

（2）制备苯基二氯化膦的反应中会有氯化氢等刺激性有害气体产生，所以须安装一尾气吸收装置，安装时玻璃漏斗不能完全浸没在稀碱液中，应该部分浸没，部分暴露在空气中。

（3）本实验有有害尾气产生，因此要注意通风和做好防护。

（4）滴加苯时要放慢滴加速度，以免反应过于剧烈，产生大量副产物。

（5）催化剂三氯化铝易受潮气影响变质，因此应过量。

（6）氯化钠粉末必须足够细，这样才能保证其能充分将苯基二氯化膦从其与三氯化铝形成的络合物中置换出来。

（7）须在反应完成并降温到 40~50 ℃后再慢慢加入氯化钠，氯化钠加完充分搅拌反应后，再加入石油醚-三氯化磷混合溶剂萃取。

（8）在滴加制备的苯基二氯化膦到丙烯酸中反应时，温度应合适，不应过高，且丙烯酸和苯基二氯化膦反应完成后加稀双氧水溶液水解时，由于水解会放出大量的热，所以为避免放热过于剧烈，开始加水溶液时应缓慢，待水解放热平稳后再加快水溶液的加入速度。

（9）本实验的搅拌速度要足够快，搅拌要足够剧烈，以保证反应充分进行。

（10）本实验的废液要注意回收处理，以免污染环境。

八、思考题

（1）本实验中为什么催化剂无水三氯化铝使用量要过量？

（2）本实验中三氯化磷的作用有哪些？

（3）加入水溶液水解时应注意什么？为什么？

第四章　食品添加剂

"食品添加剂"（food additives）这一名词始于西方工业革命。根据《中华人民共和国食品卫生法》（1995年）的规定，食品添加剂是为改善食品色、香、味等品质，以及为防腐和加工工艺的需要而加入食品中的人工合成的或者天然物质。

食品添加剂具有较为悠久的历史，据考证，人类第一种食品添加剂很有可能就是食用盐。当人类学会取火时，偶然发现盐渍可以使烤出的肉别具风味，于是人们开始自觉地寻找咸的东西，进而追寻至海边取盐。

食品添加剂的使用历史可追溯到一万年前。我国周代时就开始使用肉桂增香。公元25—220年的我国东汉时期就有使用盐卤作凝固剂制豆腐的记载。北魏时期的《食经》和《齐民要术》也有用盐卤石膏凝固豆浆的记载。

魏晋时期，中国的先祖把发酵技术首次运用到馒头蒸制之中，为了解决面酸问题，人们采用了碱面。从南宋开始，用"一矾二碱三盐"作为添加剂制作油条的方法，使其成为老百姓早餐桌上物美价廉的食品，并且一直沿用至今。

作为肉制品防腐和护色用的亚硝酸盐大概在800年前的南宋用于腊肉生产，并于公元13世纪传入欧洲。

人们也很早就将天然色素用于食品染色。公元前1500年的埃及墓碑上就描绘有糖果的着色。公元前4世纪，人们也开始为葡萄酒人工着色。我国汉代时期还将天然色素红曲用于酿酒。

我国北魏时期《食经》和《齐民要术》中也有提取植物中天然色素，并用此天然色素对酒及食品着色的描述。我国唐朝时期发明了冷面，叫"冷淘"，即凉拌面，是用槐树嫩叶的汁液与面粉和制而成。我国的宋代将菊汁掺入面粉中制成凉面条，概括为"杂此青青色，芳草敌兰荪"。可看出，从老祖先起，食事就被从简单的果腹充饥逐渐变为视觉、味觉的享受，其色、香、味配料全是天然的添加剂。

最早使用的化学合成食品添加剂是1856年英国人Perkins从煤焦油中制取的染料色素苯胺紫。19世纪工业革命以来，食品工业向工业化、机械化和规模化方向发展，人们对食品的种类和质量有了更高的要求，其中就包括色、香、味等方面的要求。科学技术的发展及合成化学工业的发展促进了食品添加剂的认知和快速发展，许多人工合成的化学品如着色剂、抗氧化剂及防腐剂等被广泛应用于食品加工。

到目前为止，全世界食品添加剂品种达到 25000 种，其中 80% 为香料。直接食用的有 3000~4000 种，常见的有 600~1000 种。从数量上看，越发达国家的食品添加剂的品种越多。美国批准的食品添加剂有 3000 多种，日本使用的食品添加剂约有 1000 种以上，欧盟允许使用的有 1000 到 1500 种，这个名单也在调整中。

正是由于人工合成的食品添加剂在食品中的大量应用，人们很快也意识到其可能会对人体健康带来负面影响，再加上毒理学和化学分析技术的发展，20 世纪初开始相继发现不少食品添加剂对人体有害。比如溴酸钾，其作为面团调节剂在发达国家已有 80 多年的历史。近年来，很多国家的研究报告显示，过量使用溴酸钾会损害人的中枢神经、血液及肾脏，并可能致癌。世界各国开始加强对食品添加剂的管理，1955 年和 1962 年先后组织成立了"FAO/WHO 食品添加剂联合专家委员会"和"食品添加剂法规委员会"（CCFA，1988 年更名为"食品添加剂和污染物法规委员会"，缩写为 CCFAC），集中研究食品添加剂问题，特别是其安全性问题，并向各有关国家和组织提出推荐意见，使食品添加剂逐步走向健康发展的轨道。

对于食品安全，我国也高度重视，1996 年，国家出台了《食品添加剂使用卫生标准》（GB 2760），2007 年国家颁布了更严格的食品添加剂国标，从过去禁止放什么添加剂，具体到每种产品允许放什么。2015 年 4 月还修订通过了新的《中华人民共和国食品安全法》，保证食品添加剂在法律的引导下健康发展。

食品添加剂具有以下三个特征：一是作为加入食品中的物质，它一般不单独作为食品来食用；二是既包括人工合成的物质，也包括天然物质；三是加入食品中的目的是改善食品品质和色、香、味以及防腐、保鲜和加工工艺的需要。

目前我国食品添加剂有 23 个类别，2000 多个品种，包括酸度调节剂、抗结剂、消泡剂、抗氧化剂、漂白剂、膨松剂、着色剂、护色剂、酶制剂、增味剂、营养强化剂、防腐剂、甜味剂、增稠剂、香料等。本章介绍其中几种食品添加剂的制备。

实验一 苯甲酸钠的制备

一、实验目的

（1）熟悉苯甲酸钠的性质和应用价值。

（2）熟悉苯甲酸钠的制备方法。

（3）熟悉苯甲酸钠的纯化方法。

二、实验原理

苯甲酸钠也称安息香酸钠，是一种白色颗粒或晶体粉末，无臭或微带安息香气味，味微甜，有收敛味，在空气中稳定，易溶于水，其水溶液的 pH 值为8，溶于乙醇。

苯甲酸钠广谱抗微生物试剂，对酵母菌、霉菌、部分细菌作用效果很好，在允许的最大使用范围内，在 pH 值4.5 以下，对各种菌都有抑制作用。苯甲酸钠广泛用作食品防腐剂、医药工业的杀菌剂、血清胆红素试验的助溶剂、染料工业的媒染剂、塑料工业的增塑剂，也用作香料等有机合成的中间体。我国允许在酱油、酱类、碳酸饮料、蜜饯和果蔬饮料等中使用苯甲酸钠。

苯甲酸钠及苯甲酸类防腐剂主要是以其未离解的分子发生作用的。未离解的苯甲酸亲油性强，易通过细胞膜进入细胞内，干扰霉菌和细菌等微生物细胞膜的通透性，阻碍细胞膜对氨基酸的吸收；进入细胞内的苯甲酸分子酸化细胞内的储碱，抑制微生物细胞内的呼吸酶系的活性，从而起到防腐作用。

苯甲酸钠的抗菌有效性依赖于食品的 pH 值。随着介质酸度的增高，其杀菌、抑菌效力增强，在碱性介质中则失去杀菌、抑菌作用，其防腐的最适 pH 值为2.5~4.0，一般用量小于 $1 \text{ g} \cdot \text{kg}^{-1}$。

与山梨酸和山梨酸钾相比，山梨酸和山梨酸钾防腐效果比苯甲酸钠好，更加安全，但苯甲酸钠在空气中比较稳定，成本较低。

苯甲酸钠用途虽然较广泛，但苯甲酸钠具有一定的毒性，小鼠摄入苯甲酸钠，会导致体重下降、腹泻、出血、瘫痪甚至死亡；苯甲酸还与氯化钙有拮抗作用，与氯化钠、异丁酸、葡萄糖酸、半胱氨酸盐等也有类似作用；苯甲酸添加后还会使食品产生涩味，甚至会破坏肉制品的风味，因此并不提倡肉制品加工中使用苯甲酸和苯甲酸钠作为防腐剂，在其他食品中也限制使用，其最大使用量一般为 $0.2~1.0 \text{ g} \cdot \text{kg}^{-1}$。

合成苯甲酸钠的常用方法为先利用强氧化剂和甲苯制备苯甲酸，然后利用苯甲酸和碳酸钠（或碳酸氢钠）溶液中和反应制备，其主要反应式如下：

苯甲酸的制备：

苯甲酸钠的制备：

三、仪器与试剂

主要仪器：磁力加热搅拌器、三颈烧瓶、回流冷凝管、烧杯、水循环真空泵、布什漏斗和抽滤瓶等。

主要试剂：甲苯（AR）、高锰酸钾（AR）、亚硫酸氢钠（AR）、碳酸钠（AR）和95%乙醇（AR）。

四、试剂主要物理常数

试剂名称	分子量	熔点/℃	沸点/℃	密度/g·cm⁻³	水溶解性
甲苯	92.14	−94.9	110.6	0.87	极微溶于水
高锰酸钾	158.03	240		1.01	溶于水
碳酸钠	105.99	851	1600	2.532	易溶于水
亚硫酸氢钠	104.06	150		1.48	易溶于水
乙醇	46.07	−114	78	0.789	任意比混溶
苯甲酸	122.12	122.13	249	1.2659	微溶于水
苯甲酸钠	144.12			1.44	易溶于水

五、装置图

图4.1　反应装置

六、实验步骤

1. 苯甲酸的制备

在三颈瓶中加入4 mL（0.0378 mol）甲苯、20 mL水、温度计和一颗搅拌子，按照图

4.1 装好装置，然后启动搅拌，并升温搅拌器中的水。待水沸腾，在搅拌下分批加入12.8 g（0.081 mol）的高锰酸钾。加完后，继续在沸水浴下搅拌直至甲苯层消失，回流时不再出现类似油珠状物质（1~1.5 h）。

趁热抽滤。如果滤液呈现紫色，说明其中含有未反应完的高锰酸钾，可加入少量亚硫酸氢钠直至使紫色褪去；或者加入少量乙醇（2~3 mL）煮沸直至紫色消失。待紫色消失后，再趁热抽滤一次。将滤液在冰水浴中冷却，然后加入浓盐酸调节溶液 pH 值至酸性。待晶体完全析出，抽滤，并用少量水洗涤滤饼，烘干即得苯甲酸。如果制得的苯甲酸颜色不纯，可重结晶提纯，必要时可加入少量活性炭。

2. 苯甲酸钠的制备

向 100 mL 烧杯中加入制得的苯甲酸、10 mL 水和一颗搅拌子，安装到集热式磁力加热搅拌器中，然后启动搅拌，并升温搅拌器中的水。待水沸腾，在搅拌下慢慢加入 10% 碳酸钠溶液至溶液 pH 值为 7 左右，继续反应 30 min。趁热过滤，将滤液转入蒸发皿中，加热浓缩至出现大量晶体，冷却结晶，抽滤，烘干即得粗苯甲酸钠。

3. 苯甲酸钠的纯化

将制得的苯甲酸钠加入 250 mL 的烧杯中，按照料液比 1:10（g·mL^{-1}）的比例加入体积浓度为 85% 的乙醇水溶液，搅拌并加热至沸腾。待固体溶解后，趁热抽滤。将滤液自然冷却至室温（必要时可使用冰水冷却），待出现白色结晶且结晶完全后，抽滤，并用少量此乙醇溶液洗涤，干燥，即得较纯的苯甲酸钠，称重，回收。

七、注意事项

（1）加料时必须先加入甲苯和水，后加高锰酸钾，且高锰酸钾应在搅拌下分批加入。

（2）加入高锰酸钾时注意控制反应速度，避免反应过快导致反应液溢出。

（3）加入亚硫酸氢钠或乙醇后，须等到紫色消失后进行再一次的抽滤。

八、思考题

（1）高锰酸钾可不可以一次性加入呢？为什么？

（2）加入亚硫酸氢钠或乙醇的目的是什么？

（3）加入浓盐酸的作用是什么？

（4）重结晶时，为什么使用的是乙醇溶液而不是蒸馏水呢？

实验二 丙酸钙的制备

一、实验目的

（1）了解丙酸钙的性质及应用。

（2）熟悉防腐剂丙酸钙的制备方法，掌握利用减压浓缩方法获得水溶性固体的操作。

二、实验原理

丙酸钙，$Ca(CH_3CH_2COO)_2$，白色结晶性颗粒或粉末，无臭或略带丙酸臭，对水、热和光稳定，有吸湿性，易溶于水，溶解度 39.9 g/100mL（20 ℃），其水溶液 pH 值略大于7，其 10%水溶液的 pH 值为 7.4 左右，微溶于甲醇、乙醇，几乎不溶于丙酮和苯。在200~210 ℃无水盐发生相变，在 330~340 ℃分解为碳酸钙。

丙酸钙是一种新型食品添加剂，是世界卫生组织（WHO）和联合国粮农组织（FAO）批准使用的安全可靠的食品与饲料用防霉剂，虽其防腐作用较弱，但因它是人体正常代谢中间物（在体内水解成丙酸和钙离子，丙酸是牛奶和牛羊肉中常见的脂肪酸成分，钙离子有补钙作用），与其他脂肪一样可以通过代谢被人畜吸收，并供给人畜必需的钙，对人无毒、无副作用，故使用安全。

丙酸钙的防腐性能与丙酸钠相同，在酸性介质中形成丙酸而发挥抑菌作用，对霉菌、好气型芽孢杆菌、革兰氏阴性菌等食品工业菌类有很好的杀灭作用，还可抑制黄曲霉素的产生，丙酸钙抑制霉菌的有效剂量较丙酸钠小，但它能降低化学膨松剂的作用。在糕点、面包和乳酪中使用丙酸钙还可补充食品中的钙质，也能抑制面团发酵时枯草杆菌的繁殖（pH 值为 5.0 时最小抑菌质量分数为 0.01%，pH 值为 5.8 时需 0.188%，最适 pH 值应低于 5.5），所以丙酸钙主要用于面包和糕点的防霉，延长食品保鲜期。丙酸钙也可用在牙膏、化妆品中作为防腐剂，最大允许浓度为 2%（以丙酸计）。

与其他食品防腐剂相比，丙酸钙具有以下优点：

（1）有效钙含量高、溶解性能好，防腐保鲜的同时还具备补钙作用。

（2）丙酸钙不仅可以延长食品的保质期，还可以通过代谢作用被人体吸收，这是其他防腐剂无法比拟的。

（3）丙酸钙水溶性好，溶解速度快，溶液清澈透明。

（4）丙酸钙防腐保鲜性能突出。用丙酸钙和苯甲酸钠对月饼做防腐实验，结果显示，在相同用量的情况下，丙酸钙的防腐效果是苯甲酸钠的 2 倍以上。

（5）安全无污染，其毒性远低于我国广泛应用的苯甲酸钠，被认为是食品的正常成分，也是人体内代谢的中间产物。丙酸钙的价格又较山梨酸钾便宜得多，故可以在食品中较多地添加。

将丙酸与氧化钙或与碳酸钙反应即可制得丙酸钙。

使用氧化钙和水为原料时反应式如下：

$$CaO + H_2O \longrightarrow Ca(OH)_2$$

$$2CH_3CH_2COOH + Ca(OH)_2 \longrightarrow (CH_3CH_2COO)_2Ca + 2H_2O$$

使用碳酸钙为原料时反应式如下：

$$2CH_3CH_2COOH + CaCO_3 \longrightarrow (CH_3CH_2COO)_2Ca + H_2O + CO_2\uparrow$$

三、仪器与试剂

主要仪器：磁力加热搅拌器、回流冷凝管、恒压滴液漏斗、三颈烧瓶、温度计、圆底烧瓶、蒸发皿、克氏蒸馏头、真空接引管、水循环真空泵、热滤漏斗、布什漏斗、抽滤瓶等。

主要试剂：氧化钙（AR）、丙酸（AR）、碳酸钙（AR）、蒸馏水等。

四、试剂主要物理常数

试剂名称	分子量	熔点/℃	沸点/℃	密度/g·cm⁻³	水溶解性
丙酸	74	−21.5	141.1	0.99	易溶于水
碳酸钙	100.09	1339		2.93	不溶于水
氧化钙	56.08	2572			与水反应生成微溶氢氧化钙
丙酸钙	186.22	300			易溶于水

五、装置图

图 4.2　反应装置

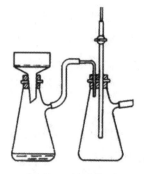

图 4.3　抽滤装置

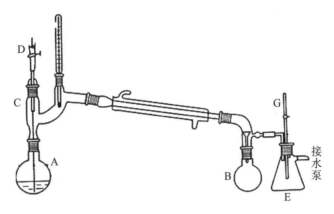

图 4.4 减压蒸馏装置

六、实验步骤

1. 丙酸钙的制备

方法 1：50 mL 三口烧瓶中，加入 3 mL 蒸馏水和 2.8 g（0.05 mol）氧化钙，按照图 4.2 装好装置（温度计下端没入液面下），搅拌使反应完全。然后在搅拌下由恒压滴液漏斗缓慢滴加 7.5 g（约 0.1 mol，7.6 mL）丙酸。滴加完毕后，升温至 80~100 ℃并保温反应 1~1.5 h（当反应液 pH 值为 7~8 时即为反应终点）。趁热过滤，并加少量热水冲洗滤饼 2~3 次，合并滤液即得到丙酸钙水溶液。

方法 2：50 mL 三口烧瓶中，加入 20 mL 蒸馏水和 5.0 g（0.05 mol）碳酸钙，按照图 4.2 装好装置（温度计下端没入液面下），搅拌使反应均匀。然后在搅拌下由恒压滴液漏斗缓慢滴加 7.5 g（约 0.1 mol，7.6 mL）丙酸。滴加完毕后，升温至 80~100 ℃并保温反应 1~1.5 h（当反应液 pH 值为 7~8 时即为反应终点）。趁热过滤，并加少量水冲洗滤饼 2~3 次，合并滤液即得到丙酸钙水溶液。

2. 浓缩

方法 1：将丙酸钙水溶液转入圆底烧瓶中，按照图 4.4 安装好装置，减压浓缩至有大量细小晶粒析出为止，冷却，抽滤。

方法 2：将丙酸钙移入蒸发皿中，加热浓缩至有大量细小晶粒析出为止，冷却，抽滤。

3. 烘干

将上述晶粒移入蒸发皿，在蒸汽浴上或烘箱内烘干得到白色的丙酸钙，称重，计算收率。

4. 重结晶纯化

将制得的丙酸钙加入烧杯中，加入蒸馏水并加热至丙酸钙晶体溶解，再补充适量蒸馏水，加热至沸腾。若有颜色或悬浮状难溶物等杂质则待稍微冷却后加入少量活性炭，煮沸 5~10 min，趁热抽滤或利用热滤漏斗过滤。然后按照步骤 2 的方法将滤液转入圆底烧瓶中进行浓缩，结晶，抽滤，烘干，称重。

七、注意事项

（1）加入药品时，最好先加入氧化钙或碳酸钙，再加水。

（2）添加药品时，必须先加入氧化钙或碳酸钙和水后再加入丙酸。

（3）在使用碳酸钙为原料时，向溶液中加入丙酸时要不断搅拌，使二氧化碳快速溢出加快反应；使用氧化钙为原料时，加丙酸也应不断搅拌，以保证丙酸和氢氧化钙充分反应。

（4）反应完成后，要趁热抽滤，洗涤滤饼时也应使用热的蒸馏水，且滤纸大小应合适。

（5）减压蒸发浓缩时，要注意操作的顺序，控制好加热速度，避免出现沸腾过于剧烈而溢出的情况。

（6）在蒸发浓缩时，黏稠度不宜太大以免混入杂质。

八、思考题

（1）为什么添加药品时，必须先加入氧化钙或碳酸钙和水后再加入丙酸？

（2）试分析在实验过程中可能导致产品产率降低的原因。

实验三　尼泊金乙酯的制备

一、实验目的

（1）熟悉尼泊金乙酯的性质和应用价值。

（2）熟悉尼泊金乙酯的合成方法、纯化方法及注意事项。

（3）复习抽滤操作及注意事项。

二、实验原理

尼泊金乙酯是一种白色结晶粉末，味微苦、灼麻，易溶于醇醚和丙酮，在水中几乎不溶。

尼泊金乙酯是国际上公认的广谱性高效食品防腐剂，美国、欧洲、日本、加拿大、韩国、俄罗斯等国均允许尼泊金乙酯在食品中应用，其被广泛应用于酱油、醋等调味品、腌制品、烘焙食品、酱制品、饮料、黄酒以及果蔬保鲜等领域。GB 2760 中规定尼泊金乙酯可以作为食品防腐剂。尼泊金乙酯也可作为化妆品及药品工业中的防腐剂，在洗发水、商业润肤膏、刮胡膏、人体润滑剂、外用药品、喷雾溶剂、化妆品和牙膏中均可找到此种或同类化合物。

尼泊金乙酯的抑菌活性主要是靠分子态起作用，其作用机制是：破坏微生物的细胞膜，使细胞内的蛋白质变性，并可抑制微生物细胞的呼吸酶系与电子传递酶系的活性。它在 pH 值 3~8 的范围内均有很好的抑菌效果，这是酸性防腐剂山梨酸钾、苯甲酸钠所不具备的（这两种酸性防腐剂在 pH>5.5 的产品中抑菌效果很差）。

尼泊金乙酯对真菌的抑菌效果较强，但对细菌的抑菌效果较弱。液体制剂中遇到低浓度（2%~15%）的丙二醇时，其防腐作用增强。与非离子型表面活性剂（如吐温-20 等）、聚乙二醇-6000 等合用，能增加本品在水中的溶解度，但也能形成络合物而影响其抑菌作用。而且遇铁变色，遇强酸、强碱易水解。

尼泊金乙酯的安全性也较高。对啮齿目动物之急性、次慢性及慢性反应的研究指出，尼泊金乙酯实际上无毒，它们被急速吸收、代谢，然后排泄，其主要代谢物为对羟基苯甲酸、对羟基马尿酸、对羟基苯甲基葡萄糖醛酸盐和对羰基苯基硫酸盐。由于其添加量只有山梨酸、苯甲酸的 1/10~1/5，因此其相对安全性比山梨酸高得多。但对于少数有对羟基苯甲酸酯过敏的人，尼泊金乙酯却会刺激皮肤甚至导致刺激性皮肤炎和酒糟鼻，也存在疑似的致癌风险。这些风险使研究者积极寻求其替代品。

尼泊金乙酯一般是通过对羟基苯甲酸和乙醇在浓硫酸催化下制备的，其反应式如下：

$$HO-\!\!\!\!\bigcirc\!\!\!\!-COOH + C_2H_5OH \xrightarrow{\text{浓}H_2SO_4} HO-\!\!\!\!\bigcirc\!\!\!\!-COOC_2H_5 + H_2O$$

三、仪器与试剂

主要仪器：圆底烧瓶、回流冷凝管、磁力加热搅拌器、水循环真空泵、布什漏斗、抽滤瓶、烧杯。

主要试剂：对羟基苯甲酸、乙醇、浓硫酸、氢氧化钠、碳酸氢钠。

四、试剂主要物理常数

试剂名称	分子量	熔点/℃	沸点/℃	密度/g·cm^{-3}	水溶解性
对羟基苯甲酸	138.13	214~217	336.2	1.443	微溶于水
乙醇	6.07	−114	78	0.789	混溶于水
浓硫酸	98.08	10.36	338	1.84	易溶于水
氢氧化钠	40.0	318.4	1390	2.13	易溶于水
碳酸氢钠	84.01	270		2.159	溶于水
尼泊金乙酯	166.17	116~118	297.5	1.078	溶于水

五、装置图

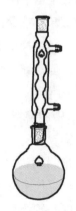

图 4.5　反应装置

六、实验步骤

1. 尼泊金乙酯的制备

向 50 mL 圆底烧瓶中加入 12.0 mL（9.46 g，约 0.20 mol）无水乙醇和一颗搅拌子，启动搅拌。在搅拌下慢慢加入 2 mL 浓硫酸。在浓硫酸混匀后，取 6.9 g（0.050 mol）对羟基苯甲酸，在搅拌下慢慢加入圆底烧瓶中，温热使固体溶解。待固体溶解完全后，按照图 4.5 装好装置，升高搅拌器内水浴温度至 90 ℃ 左右，使反应瓶内液体在搅拌下保持微沸回流 3 h。冷却至室温，用 50% 氢氧化钠溶液调节 pH 值至 6，蒸馏回收过量的乙醇。然后，再冷却至室温，加入 10% 碳酸氢钠溶液调节 pH 值至 7~8，放置结晶。待结晶完全，抽滤，并用蒸馏水洗涤滤饼 2~3 次，烘干，即得尼泊金乙酯粗品。

2. 尼泊金乙酯的纯化

将制得的尼泊金乙酯粗品和 2~3 粒沸石放入 50 mL 圆底烧瓶中，并加入适量无水乙醇，按照图 4.5 装好装置，加热，使尼泊金乙酯完全溶解（必要时可补充适量乙醇）。如果有颜色或树脂状杂质存在，可待圆底烧瓶中液体稍冷后，加入少量活性炭，煮沸 5 min 左右，趁热过滤。滤液自然冷却，待结晶完成，抽滤，并用少量水洗涤，烘干，即得较纯的尼泊金乙酯。

七、注意事项

（1）加料时应先加乙醇再加浓硫酸，添加浓硫酸时应在搅拌下缓慢添加，且加完硫酸后应混合均匀后再升温回流。

（2）应冷却到室温后再调节 pH 值。

八、思考题

（1）如果浓硫酸加多了会有什么结果呢？

（2）重结晶提纯尼泊金乙酯时，可否直接将活性炭加到沸腾的溶液中？应在什么时候加入？

实验四　山梨酸钾的制备

一、实验目的

（1）熟悉山梨酸钾的性质及应用价值。

（2）熟悉山梨酸钾的制备方法。

二、实验原理

山梨酸钾是山梨酸的钾盐（2，4-己二烯钾），白色至浅黄色鳞片状结晶、晶体颗粒或晶体粉末，无臭或稍有臭味，易溶于水，溶解度为 67.6 g/100 mL（20 ℃），溶于丙二醇（5.8g/100mL）、乙醇（0.3g/100mL），1%山梨酸钾水溶液的 pH 值为 7~8。山梨酸钾暴露在空气中不稳定，有吸湿性，能被氧化着色。

山梨酸钾是国际粮农组织和卫生组织推荐的高效、安全的防腐保鲜剂，广泛应用于食品、饮料、烟草、农药、化妆品等行业，作为不饱和酸，也可用于树脂、香料和橡胶工业。山梨酸钾有很强的抑制腐败菌和霉菌作用，并因毒性远比其他防腐剂低，已成为世界上最主要的防腐剂。

山梨酸钾的防腐性主要靠在酸性介质中形成山梨酸而发挥作用。山梨酸能有效地抑制霉菌、酵母菌和好氧性细菌的活性，还能防止肉毒杆菌、葡萄球菌、沙门氏菌等有害微生物的生长和繁殖，但对厌氧性芽孢菌与嗜酸乳杆菌等有益微生物几乎无效，其抑止发育的作用比杀菌作用更强，因此在有效地延长食品的保存时间的同时，保持原有食品的风味，其防腐效果是同类产品苯甲酸钠的 5~10 倍。

山梨酸可以被人体的代谢系统吸收而又迅速分解，产生二氧化碳和水，因此山梨酸对人体是无害的。山梨酸钾毒性比苯甲酸类和尼泊金酯要小，日允许量为 25 mg·kg^{-1}，是苯甲酸的 5 倍，尼泊金酯的 2.5 倍，是一种相对安全的食品防腐剂，在我国可用于酱油、醋、面酱类、果酱类、酱菜类、罐头类和一些酒类等食品的制备。

山梨酸钾作为酸性防腐剂，酸性越大，防腐效果越好，在碱性条件下抑菌效果较差。一般山梨酸钾是由山梨酸和碳酸钾或氢氧化钾反应制备的，其反应式如下：

$$K_2CO_3 + 2CH_3CH\!=\!CHCH\!=\!CHCOOH \longrightarrow 2CH_3CH\!=\!CHCH\!=\!CHCOOK + H_2O + CO_2\uparrow$$

或

$$KOH + CH_3CH\!=\!CHCH\!=\!CHCOOH \longrightarrow CH_3CH\!=\!CHCH\!=\!CHCOOK + H_2O$$

三、仪器与试剂

主要仪器：磁力加热搅拌器、回流冷凝管、水循环真空泵、布什漏斗、抽滤瓶、烧杯等。

主要试剂：山梨酸（AR）、碳酸钾（AR）、95%乙醇（AR）。

四、试剂主要物理常数

试剂名称	分子量	熔点/℃	沸点/℃	密度/g·cm⁻³	水溶解性
山梨酸	112.13	132~135	228	1.205	微溶于水
碳酸钾	138.21	891		2.43	易溶于水
氢氧化钾	56.1	380	1324	2.044	易溶于水
山梨酸钾	150.22	270		1.363	易溶于水

五、装置图

图 4.6　反应装置

图 4.7　抽滤装置

六、实验步骤

1. 山梨酸钾的合成

向 50 mL 圆底烧瓶中加入 3.2 g（0.0285 mol）山梨酸，2 g（0.0145 mol）碳酸钾和 17.5 mL 95% 的乙醇，并加入一颗搅拌子。然后按照图 4.6 安装好装置，启动搅拌，加热升温，后保持在 60~70 ℃下回流。回流过程中，分批少量加入适量的蒸馏水（蒸馏水总用量必须严格控制，一般不超过 3~4 mL），以加快反应进行，保证反应能充分进行。当反应液完全澄清透明时（需要 1~1.5 h），停止加热和搅拌，迅速将反应液转移到 100 mL 烧杯中冷却。

2. 结晶、抽滤

待烧杯中的反应液冷却至常温后，将烧杯转移至冰箱中，在−10~0 ℃下冷却结晶，反应液中就会出现大量白色的鱼鳞状晶体，待结晶完全后取出，抽滤。

3. 烘干

将制得的山梨酸钾晶体转移到表面皿上，将表面皿放入烘箱中，在 60~80 ℃下烘干，需要 2~4 h。称重，回收并计算产率。

七、注意事项

（1）加料时最好先加入山梨酸和碳酸钾，再加入 95% 乙醇。

（2）加入蒸馏水是为溶解碳酸钾，加快反应速度，所以蒸馏水的加入量必须严格控制，不能过多，否则将影响产品回收率。

（3）反应时要充分搅拌。

（4）反应完成后必须趁热迅速转移到烧杯中以减少转移带来产品的损失。

（5）结晶温度必须控制好，结晶时间也应控制好，以避免乙醇溶液结冰影响产品分离。

（6）烘干温度也必须控制好，以避免山梨酸钾烘干时分解变质。

八、思考题

（1）为什么制备山梨酸钾时要加入少量蒸馏水呢？蒸馏水加入过多会对山梨酸钾的合成带来什么影响呢？

（2）本实验中山梨酸钾的烘干温度要控制在 60~80 ℃，温度高些可否？为什么？

第五章　香　料

香料（perfume）亦称香原料，是一种能被嗅感嗅出气味或味感品出香味的物质，是用以调制香精的原料。除了个别品种外，大部分香料不能单独使用。

香料的历史悠久，可以追溯到5000年前。黄帝神农氏时代，当时人类对植物挥发出来的香气已经非常重视，又加以自然界花卉的芳香，对它产生了美感，因此就有采集树皮、草根作为医药用品来驱疫避秽，茉莉花和莲花等开始被用作香料，同时其他一些有香气的花朵和木质、麝香也开始用作药材。这些有香物质作为敬神拜福、清净身心之用，同时也用于祭祀和丧葬方面，后逐渐用于饮食、装饰和美容。我国在商、周时代前就有了使用香料的记载。1897年，在开掘公元前3500年埃及法老曼乃斯等的墓时，发现美丽的油膏缸内的膏质仍有香气，似是树脂或香膏。当时的僧侣可能是采集、制造和使用香料、香油或香膏者。公元前16世纪左右的古印度在宗教仪式中使用香料，以檀香、安息香和乳香制成熏香，晚香玉和水仙也用于香料中。公元前15世纪左右，中美洲印加、玛雅和阿芝塔克人开始使用熏香。公元前11世纪左右，印度灵猫香和龙涎香开始用作香料。麝香用得也很早，约在公元前500年。公元前300年左右，中国开始建立香料体系。公元前150年左右，古罗马帝国的人们已经极其广泛地使用香料和化妆品。公元前55年左右，古罗马人将香料化妆品知识带到英格兰。公元450年左右，日本第一次以熏香的形式使用香料。

公元476年左右，随着罗马帝国的灭亡，香料和香精的使用整体进入衰败期，芳香物质仅用于制作熏香或作为尸体防腐剂使用。公元600年左右，随着伊斯兰教的兴起，香料使用重新振兴，阿拉伯人开始经营香料业，并用蒸馏法从花中提油，较著名的是玫瑰油和玫瑰水。中世纪后，亚欧有贸易往来，香料是重要物品之一，中国香料也随丝绸之路运往西方。13世纪，意大利人马可·波罗来到中国，对香料十分重视。15世纪，葡萄牙人麦哲伦和伽玛氏等环球旅行者也来中国探索香料。

公元632年左右，随着阿拉伯人的征战，香料知识开始逐步传入欧洲。公元1000年左右，波斯（今伊朗）的阿维森纳发明了蒸汽蒸馏法（并非有效的水蒸气蒸馏浓缩法）蒸馏精油。公元1100年左右，香料开始在意大利和西班牙生产。公元1150年左右，水冷浓缩法出现在欧洲,阿拉伯名医雷西斯发现了酒精。公元 1200 年左右,"女用西普香水"由塞浦路斯传入欧洲。公元 1370 年左右,匈牙利皇后伊丽莎白得到一张以迷迭香为主要原料的香料配方,这个配方初始名为"匈牙利皇后之水",而后名为"匈牙利之水",这个配方是所知的第一个以酒精为配料的香水,该配方被沿用 500 多年,并被认为是"女用古龙水"的前身。

公元 1420 年左右,回旋型冷凝器被发明,有效地改进了蒸馏法的效力。公元 1450 年左右,法国的炼金术士巴兹尔·瓦伦丁重新认识了酒精,含醇香水制造业诞生。公元 1500 年左右,开始用蒸馏法获得精油,精油制造业起步。公元 1550 年左右,法国香料被法兰西皇室极为广泛地使用,麝香和灵猫香几乎被用于所有的香水制造中,混合各种香料制造出了"花香"香型香水。公元 1560 年左右,柑橘类精油的说法第一次出现。公元 1600 年左右,香料业开始使用香柠檬油。公元 1690 年左右,意大利的"女用古龙水"在米兰问世。

17 世纪,人们不但将天然植物精油用于调香,而且还应用了天然动物香料。公元 1708 年,伦敦调香师查尔斯李利制成了一种含香的鼻烟,它含有"龙涎、橙花、麝香、灵猫香和紫罗兰"综合性的香气;同年,著名的古龙水(亦称科隆水)问世了,它最初的目的是要具有清毒杀菌性,但由于它带有令人感兴趣的而又协调的柑橘香气和药草香,因此很快地、普遍地被人们用作洗漱用水,这种香型流行极广,药草香普及世界各地,至今仍然风行不衰,并有了很大的提高和发展。公元 1719 年,纽曼注意到百里香油的沉淀物中的一种晶状体,并为它取名为"百里香脑",后来该物质被改名为"百里酚"。公元 1744 年,莱顿从薄荷油中分离出无色晶体,这种晶体后被命名为薄荷脑。公元 1780 年,雅德莉的"薰衣草"开始为人所知。公元 1798 年,真空蒸馏和分馏蒸馏法问世。公元 1816 年,蒸馏胡椒薄荷油在美国开始商业化,布尔乔之从熏干的香荚子兰中分离出香兰素。公元 1825 年,法拉第使用干馏蒸馏法对鲸油进行断链蒸馏,在所获得的照明气中发现碳氢化合物,即后来的苯。公元 1826 年,韩奈尔合成酒精(乙醇)。公元 1841 年,沃特从柏木中分离出柏木醇,格哈特和卡奥尔在黄春菊油中发现枯茗醛。这些都是天然香料。

随着有机化学、合成香料工业的迅速发展,许多新的香料相继问世。最早制造合成香料是在 1834 年,人工合成了硝基苯。不久人们发现了冬青油的主要成分是水杨酸甲酯,苦杏仁油的成分是苯甲醛,并用化学方法合成了这些香料。公元 1868 年,合成了干草的香气成分香豆素。公元 1882 年,"皇家馥奇"侯比甘香水投放市场,其为第一种含有合成化合物的香水,在市场上十分流行。公元 1888 年,保尔合成第一种麝香香气合成物"麝香保尔",斯克奥佛和霍普菲尔德合成二甲苯麝香,伯伦特从柠檬巴毫油中分离出柠檬醛,约瑟夫·罗伯特研出一种大规模的效果令人满意的水溶萃取法制备此醛,第一种个人除臭剂诞生。公元 1893 年，合成了紫罗兰的香气成分紫罗兰酮，这些化合物作为重要的合成香料陆续进入市场。

有机合成工业的发展带来的合成香料的出现大大增加了调香香料的来源，大大降低了香料的价格，促进了香料的发展。

目前，世界上的香料品种约 6000 种，年销售额 100 多亿美元，中国生产的香料有1000 多种。近 20 年来，香料工业发展迅速，世界上香料工业发达的国家主要有美国、英国、瑞士、荷兰、法国、日本等，仅美国就有香料香精公司 120 多家。

香料用途广泛，且与人民生活息息相关，在食品、烟酒制品、医药品、化妆品和清洗用品中均广泛应用，香水生产直接依赖香料香精，塑料、橡胶、皮革、纸张、油墨及饲料生产均使用香料，熏香、除臭剂更是如此。近些年还出现了香疗保健，通过直接吸入香气或与香料进行皮肤接触使人产生有益生理反应，从而达到防病、保健、振奋精神作用，比如香疗袋、空气清新剂、香涂料等。植物天然香料在软饮料、糖果、罐头等中应用广泛，还可作食品和水果的天然保鲜剂。从植物中分离得到的单质可用于生产抗癌、抗氧化、抗病毒等的药品。天然香料还可驱虫、防霉和杀菌，可制成驱虫剂、防霉剂和消毒剂等日用品。植物提取物用作饲料加香剂时可促进家畜、家禽的食欲，受到人们的高度重视。

香料分为天然香料和人造香料，其中天然香料包括动物性天然香料和植物性天然香料；人造香料包括单离香料及合成香料。植物性天然香料是用芳香植物的花、枝、叶、草、根、皮、茎、籽或果等为原料，主要以精油、浸膏、酊剂、香脂、香树脂和净油等形式存在；动物性天然香料主要是动物的分泌物或排泄物。动物性天然香料有十几种，能够形成商品和经常应用的只有麝香、龙涎香、灵猫香和海狸香 4 种，常用乙醇将其制成酊剂后使用。植物性天然香料的生产方法主要有如下几种：蒸馏法、萃取法、压榨法、吸收法、酶法提取、超临界流体萃取、分子蒸馏、微波法提取。单离香料的生产方法主要有物理方法（分馏、冻析、重结晶）和化学方法（硼酸酯法、酚钠盐法和亚硫酸氢钠加成法）。本章就简要介绍几种香料的制备方法及几种制备方法的应用。

实验一　乙酸乙酯的制备

一、实验目的

（1）熟悉制备乙酸乙酯的原理和方法。

（2）掌握分液漏斗的使用方法及注意事项。

（3）掌握固体干燥有机化合物的方法。

（4）回顾蒸馏装置的安装和使用及注意事项。

二、实验原理

乙酸乙酯又称醋酸乙酯，是一种具有官能团—COOR 的酯类。乙酸乙酯是一种无色澄清黏稠状液体，毒性较低，有甜味，有强烈的醚似的气味，清灵、微带果香的酒香味，浓度较高时有刺激性气味，易挥发、易燃，具有优异的溶解性、快干性，是一种重要的有机化工原料和工业溶剂，是重要的精细化学品。

乙酸乙酯对空气敏感，吸收水分缓慢水解而呈酸性。乙酸乙酯能溶于水，能与氯仿、乙醇、丙酮和乙醚混溶；能溶解某些金属盐类（如氯化锂、氯化钴、氯化锌、氯化铁等）。

乙酸乙酯具有较为广泛的用途：

（1）作为工业溶剂，用于涂料、黏合剂、乙基纤维素、人造革、油毡着色剂、人造纤维等产品中。

（2）作为黏合剂，用于印刷油墨、人造珍珠的生产。

（3）作为提取剂，用于医药、有机酸等产品的生产。

（4）作为香料原料，用作菠萝、香蕉、草莓等水果香精和威士忌、奶油等香料的主要原料，也可用于香料制造。

（5）作为萃取剂，从水溶液中提取许多化合物（磷、钨、砷、钴）。

（6）作为有机溶剂，在分离糖类时还作为校正温度计的标准物质。

（7）可用于检定铋、金、铁、汞、氧化剂和铂。

（8）可用于测定铋、硼、金、铁、钼、铂、钾和铊。

（9）可用于生化研究、蛋白质顺序分析。

（10）可用于环保、农药残留量分析。

（11）可用于有机合成。

（12）是硝酸纤维素、乙基纤维素、乙酸纤维素和氯丁橡胶的快干溶剂，也是工业上使用的低毒性溶剂。

（13）还可用作纺织工业的清洗剂和天然香料的萃取剂，也是制药工业和有机合成的重要原料。

（14）《食品安全国家标准 食品添加剂使用标准》（GB 2760—2014）规定为允许使用的食用香料。主要用于着香、柿子脱涩、制作香辛料的颗粒或片剂、酿醋配料，广泛用于配制樱桃、桃、杏等水果型香精及白兰地等酒用香精。

乙酸乙酯的制备主要是通过酯化反应。酯化反应的原料为酰氯、酸酐、羧酸及醇等。当醇空间位阻较大时，就先转化为酰氯等，然后实现酯化。酰氯、酸酐适合于与伯醇、仲醇反应生成酯；碱性条件下叔醇会与酰氯生成卤代烃，但在叔胺存在下，能顺利乙酰化。酸酐能和大多数醇反应，在酸和碱（叔胺和醋酸钠等）的催化下，能加速酰化反应。

乙酸乙酯合成的主反应方程式为：

$$CH_3COOH + CH_3CH_2OH \underset{110\sim120\ ℃}{\overset{H_2SO_4}{\rightleftharpoons}} CH_3COOC_2H_5 + H_2O$$

可能的副反应有：

$$2CH_3CH_2OH \underset{140\ ℃}{\overset{H_2SO_4}{\rightleftharpoons}} CH_3CH_2OCH_2CH_3 + H_2O$$

$$CH_3CH_2OH \underset{170\ ℃}{\overset{浓\ H_2SO_4}{\rightleftharpoons}} CH_2 = CH_2 + H_2O$$

$$CH_3CH_2OH + H_2SO_4 \longrightarrow CH_3CHO + SO_2 + 2H_2O$$

$$CH_3CH_2OH + H_2SO_4 \longrightarrow CH_3COOH + SO_2 + 2H_2O$$

从主反应可看出，该反应是可逆反应，所以提高产物乙酸乙酯产率或者提高原料转化率的方法有两个：

（1）通过边合成边蒸馏装置，在反应的同时将副产物水及产物乙酸乙酯蒸出，同时保证原料不被或少被蒸出；

（2）增加原料乙醇的用量，来提高另一原料乙酸的转化率。

浓硫酸在反应中的作用是催化剂和脱水剂。从反应式中还可看到，如果温度过高易产生大量乙醚、乙烯等杂质，影响产率，因此应控制好加热速度。

三、仪器与试剂

主要仪器：圆底烧瓶、三颈烧瓶、温度计、回流冷凝管、蒸馏头、真空接引管、锥形瓶、酒精灯、铁架台、分液漏斗等。

主要试剂：冰乙酸（AR）、无水乙醇（AR）、饱和碳酸钠溶液、饱和氯化钠溶液、饱和氯化钙溶液、无水硫酸镁（AR）等。

四、试剂主要物理常数

药品名称	分子量	熔点/℃	沸点/℃	密度/g·cm^{-3}	水溶解性
冰醋酸	60.05	16.6	117.9	1.0492	易溶于水
无水乙醇	46.07	−114	78.4	0.789	混溶于水

续表

药品名称	分子量	熔点/℃	沸点/℃	密度/g·cm^{-3}	水溶解性
乙酸乙酯	88.12	−84	77	0.902	溶于水
浓硫酸	98.08	10.36	338	1.84	易溶于水

五、装置图

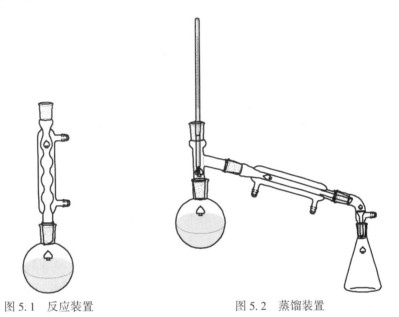

图 5.1　反应装置　　　　　　　图 5.2　蒸馏装置

六、实验步骤

1. 乙酸乙酯的合成

在 50 mL 圆底烧瓶中加入 7.2 mL（0.1258 mol）冰乙酸和 11.5 mL（0.1970 mol）无水乙醇，然后缓慢加入 3.8 mL 浓硫酸，并放入 2~3 粒沸石；按照图 5.1 的回流装置连好装置，通冷凝水，小火加热，待微沸，开始计时，保持微沸状态加热回流 0.5 h。

2. 获取粗产品

待装置稍冷后，按照图 5.2 改为蒸馏装置，并补加 1~2 粒沸石，蒸馏直到上层油层消失（或使用沸水浴时不再出现馏出物）为止，即得粗乙酸乙酯。

3. 粗产品的提纯

将粗乙酸乙酯转入分液漏斗中，先加入水洗，再加入饱和碳酸钠溶液，直到不再有二氧化碳气体冒出为止，或 pH 试纸显示中性或弱碱性为止，分出有机层；然后用 5 mL 饱和氯化钠溶液洗涤有机层，分出有机层；分两次用 5 mL 饱和氯化钙溶液洗涤有机层，分别分出有机层，弃去水相；将最后的有机层转入干燥的锥形瓶中，向其中加入足量无水硫酸镁干燥至少 15 min；将干燥好的乙酸乙酯转入干燥的 50 mL 圆底烧瓶中，装上干燥的蒸馏装置，蒸馏收集 73~78 ℃ 的馏分。

4. 回收

回收产品及废液，打扫卫生。

七、注意事项

（1）冰乙酸、浓硫酸按照要求排队取用，不要超量。

（2）加浓硫酸时，必须慢慢加入并充分振荡烧瓶，使其与乙醇均匀混合，以免在加热时因局部酸过浓引起有机物碳化等副反应。

（3）加药品时必须按加料顺序操作，先加入冰乙酸和乙醇，再加入浓硫酸，顺序不能颠倒。

（4）沸石必须在适当的时候加入；装置必须隔石棉网，酒精灯小火加热，缓缓回流即可。

（5）酒精灯中的酒精加入量必须符合要求，不要加多。

（6）加热不能太快，要控制好温度，微沸状态即可，避免副产物过多。

（7）反应时间到后，必须熄灭酒精灯，待冷却后才能进行下一步的操作。

（8）精制时弄清楚原理，明确洗涤目的，分清有机层和水相，取谁弃谁。

（9）使用分液漏斗操作应规范，分液应分干净。

（10）本实验酯的干燥用无水硫酸镁，通常干燥半个小时以上，最好放置过夜，但在本实验中，为了节省时间，可放置 15 min 左右，要注意判断干燥剂用量是否足够，干燥剂可略多；由于干燥不完全，可能前馏分多些。

（11）再次蒸馏时仪器必须干燥，一定要弃馏头，记录好产品的沸程、颜色、状态、体积等。

（12）药品交老师测体积、折光率，并回收。

（13）洗涤及蒸馏时剩下的废液倒入相应的废液缸中。

八、思考题

（1）酯化反应有什么特点？本实验如何创造条件促使酯化反应尽量向生成物方向进行？

（2）本实验中浓硫酸的作用是什么？用量过多或过少会对实验产生什么影响？

（3）本实验可能有哪些副反应？加热过快会对实验带来什么影响？

（4）在酯化反应中，用作催化剂的硫酸量，一般只需醇质量的3%就足够了，为何本实验中用了3.8 mL？

（5）如果采用醋酸过量是否可以？为什么？为什么本实验选择的是乙醇过量呢？

（6）请简述各步洗涤的目的。

实验二　乙酸异戊酯的制备

一、实验目的

（1）熟悉酯化反应原理，熟悉制备乙酸异戊酯的原理和方法。

（2）回顾分液漏斗的使用方法及注意事项。

（3）复习固体干燥有机化合物的方法。

（4）回顾蒸馏装置的安装和使用及注意事项。

二、实验原理

1. 乙酸异戊酯的介绍

乙酸异戊酯是无色透明的液体，又称香蕉油，具有水果香气。它是香蕉、生梨等果实的芳香成分，也存在于酒等饮料和酱油等调味品中。在许多水果型特别是梨和香蕉香精中，大量使用乙酸异戊酯，也常用于配制酒和烟叶用香精。

乙酸异戊酯易溶于乙醇、乙醚、苯，难溶于水，不溶于甘油，易燃，毒性小，刺激眼睛和气管黏膜。它更大的应用是在涂料、皮革等工业中作为溶剂使用。

2. 乙酸异戊酯的合成反应式

主反应：

$$\underset{\text{乙酸}}{CH_3C\overset{\overset{\textstyle O}{\|}}{—}OH} + \underset{\text{异戊醇}}{HOCH_2CH_2\overset{\overset{\textstyle CH_3}{|}}{C}HCH_3} \xrightarrow[\triangle]{H_2SO_4} \underset{\text{乙酸异戊酯}}{CH_3C\overset{\overset{\textstyle O}{\|}}{—}OCH_2CH_2\overset{\overset{\textstyle CH_3}{|}}{C}HCH_3} + H_2O$$

可能的副反应：

$$(CH_3)_2CHCH_2CH_2OH \xrightarrow[\triangle]{\text{浓}H_2SO_4} (CH_3)_2CHCH_2CH_2OCH_2CH_2CH(CH_3)_2 + H_2O$$

$$(CH_3)_2CHCH_2CH_2OH \xrightarrow[\triangle]{\text{浓}H_2SO_4} (CH_3)_2CHCH=CH_2 + H_2O \quad \text{（可能还有重排）}$$

浓硫酸在反应中的作用是催化剂和脱水剂。

该反应是可逆反应，所以提高产物乙酸异戊酯产率或者说提高原料转化率的方法有两个：

（1）通过装置，在反应的同时将副产物水转移出，同时保证原料不被或少被转移出；

（2）增加原料乙酸或异戊醇的用量，来提高另一原料的转化率，由于乙酸价格更低所以本实验采取加入过量冰醋酸，使反应不断向右进行，提高酯的产率。

三、仪器与试剂

主要仪器：圆底烧瓶、温度计（200 ℃）、回流冷凝管、蒸馏头、真空接引管、锥形瓶、酒精灯、铁架台、分液漏斗、油水分离器等。

主要试剂：冰乙酸（AR）、异戊醇（AR）、饱和碳酸氢钠溶液、饱和氯化钠溶液、无水硫酸镁（AR）等。

四、试剂主要物理常数

试剂名称	分子量	熔点/℃	沸点/℃	密度/g·cm^{-3}	水溶解性
冰醋酸	60.05	16.7	118	1.049	易溶于水
异戊醇	88.15	-117.2	132.5	0.81	微溶于水
乙酸异戊酯	130.19	-78	143	0.876	微溶于水
浓硫酸	98.08	10.37	337	1.84	易溶于水

五、装置图

 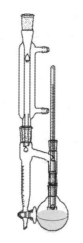 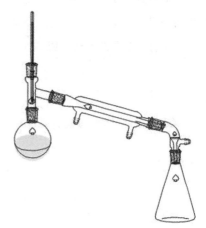

图5.3 反应装置（一）　图5.4 反应装置（二）　图5.5 蒸馏装置

六、实验步骤

1. 乙酸异戊酯的合成

方法 1：在 50 mL 圆底烧瓶中加入 10.8 mL（0.10 mol）异戊醇和 12.8 mL（0.225 mol）冰乙酸，混匀，然后缓慢加入 2.5 mL 浓硫酸，摇匀，放入 2~3 粒沸石。按图 5.3 连好装置，通冷凝水，小火加热，待微沸开始计时，保持微沸状态加热回流 1.0 h。

方法 2：在 50 mL 圆底烧瓶中加入 10.8 mL（0.10 mol）异戊醇和 12.8 mL（0.225 mol）冰乙酸，混匀，然后缓慢加入 2.5 mL 浓硫酸，摇匀，放入 2~3 粒沸石。按图 5.4 连好装置，通冷凝水，小火加热，保持微沸，同时不断从分水器中放出少量水，保证上层的油层能及时返回反应瓶中参与反应，而水层又不至于流入反应瓶中干扰反应，此反应大约需 1.0 h。

2. 粗产品的提纯

将反应物冷却至室温，将粗乙酸异戊酯（主要杂质是醋酸等）转入分液漏斗中，用 25 mL 蒸馏水洗涤反应烧瓶，将洗涤液一起加到分液漏斗中，振荡，静置分层，保留有机相，分出水相。

向装有有机相的分液漏斗中加入饱和碳酸氢钠溶液，直到不再有二氧化碳气体冒出为止，或 pH 试纸显示中性或弱碱性为止，分出水层，保留有机层。

加入 15 mL 饱和氯化钠溶液洗涤有机相，分出水层，将有机相转入干燥的干净的带塞子的锥形瓶中，向其中加入足量无水硫酸镁干燥至少 15 min。

将干燥好的乙酸异戊酯转入干燥的 50mL 圆底烧瓶中，按照图 5.5 装上干燥的蒸馏装置，蒸馏收集 138~143 ℃的馏分。

3. 测定相关参数

测定所得产品的折光率和体积等参数，纯的乙酸异戊酯的沸点为 142.5 ℃，折光率 $n_D^{20} = 1.4003$。

4. 回收

回收废液和产品。

七、注意事项

（1）冰醋酸具有强烈的刺激性，要在通风橱内取用。

（2）取浓硫酸、混合浓硫酸时注意安全。

（3）加药品时必须按加料顺序操作，顺序不能颠倒。

（4）加浓硫酸时，要分批加入，并在冷却下充分振摇，使其与异戊醇均匀混合，以防止异戊醇被氧化，以免在加热时因局部酸过浓引起有机物发生碳化等副反应而使溶液发黑。

（5）必须添加沸石；装置必须隔石棉网，酒精灯小火加热，缓缓回流即可，微沸状态即可，以防止碳化并确保完全反应，避免副产物过多；酒精灯中的酒精加入量必须符合要求，不要加多了。

（6）反应时间到后，必须熄灭酒精灯，待冷却到不烫手才能进行下一步的操作。

（7）精制时弄清楚原理，明确洗涤目的，分清有机层和水相，取谁弃谁。

（8）分液漏斗使用前要涂凡士林试漏，防止洗涤时漏液，造成产品损失。

（9）碱洗时放出大量热并产生大量二氧化碳，因此开始时不要塞住分液漏斗上口，振摇至无明显气泡时再塞住振摇，振摇后也要及时放气，以避免分液漏斗内的液体冲出来。

（10）在碱洗后的后续洗涤步骤，也要注意及时放气。

（11）本实验酯的干燥用无水硫酸镁，通常干燥半个小时以上，最好放置过夜，但在本实验中，为了节省时间，可放置 15 min 左右；由于干燥不完全，可能前馏分多些。

（12）最后蒸馏时仪器要干燥，不得将干燥剂倒入蒸馏瓶内。

（13）洗涤及蒸馏时剩下的废液倒入相应的废液缸中。

八、思考题

（1）酯化反应有什么特点？本实验如何创造条件促使酯化反应尽量向生成物方向进行？

（2）本实验可能有哪些副反应？

（3）酯可用哪些干燥剂干燥？为什么不能使用无水氯化钙进行干燥？

（4）酯化反应时，实际出水量往往多于理论出水量，这是什么原因造成的？

（5）该酯化反应制得的粗酯中含有哪些杂质？是如何除去的？洗涤时能否先碱洗再水洗？

实验三　苯甲酸乙酯的制备

一、实验目的

（1）熟悉苯甲酸乙酯的性质、用途及使用方法。

（2）熟悉制备苯甲酸乙酯的原理和方法。

（3）掌握分水器的使用，巩固萃取、回流等基本操作。

（4）掌握减压蒸馏操作。

二、实验原理

苯甲酸乙酯，中文别名为安息香酸乙酯，英文名称是 ethyl benzoate，英文别名为 benzoic acid ethyl ester。苯甲酸乙酯为无色透明液体，稍有水果气味，不溶于水，溶于乙醇和乙醚，存在于烤烟烟叶中，也存在于桃、菠萝、红茶中。

苯甲酸乙酯的化学性质比较稳定，在苛性碱存在下发生水解，生成苯甲酸和乙醇。苯甲酸乙酯与氢化铝锂在醚溶液中反应生成苄醇。

苯甲酸乙酯与三氟乙酸分子不仅能形成双分子激基复合物，还可以形成 2:1 的三分子激基复合物。其形成途径是先形成双分子激基复合物，再与苯甲酸乙酯分子相互作用而成，而不是两分子苯甲酸乙酯和一分子三氟乙酸复合形成的二聚体。

苯甲酸乙酯主要用于配制香水、香精和人造精油，常用于较重花香型中，尤其是在依兰型中，其他如香石竹、晚香玉等香型香精也可用。亦适用于配制新刈草、香薇等非花香精中；可与岩蔷薇制品共用于革香型香精，也用作食用香料，在鲜果、浆果、坚果香精中均可适用，如香蕉、樱桃、梅子、葡萄等香精以及烟用和酒用香精。还可用作有机合成中间体，作为纤维素酯、纤维素醚、树脂等的溶剂。

苯甲酸乙酯主要通过酯化反应法制备，在使用浓硫酸催化下，直接使用苯甲酸与乙醇发生酯化反应制备苯甲酸乙酯，也可利用苯甲酰氯与乙醇反应制备苯甲酸乙酯。由于酯化反应是一个平衡常数较小的可逆反应，为了提高产率，在实验中采用过量的乙醇，也可除去某种产物使平衡向产物方向移动来提高产率。

由于苯甲酸乙酯沸点较高，很难蒸出，因此可采用加入环己烷的方法，使环己烷、乙醇和水形成三元共沸物，其沸点为 62.1 ℃。该三元共沸物冷却形成两相，环己烷主要在上层，水主要在下层，放出下层即可除去反应产生的小分子副产物——水，使平衡向正反应方向移动。

使用苯甲酸和乙醇为原料合成苯甲酸乙酯的主反应式为：

$$\text{C}_6\text{H}_5\!\!-\!\!COOH + C_2H_5OH \underset{\triangle}{\overset{\text{浓}H_2SO_4}{\rightleftharpoons}} \text{C}_6\text{H}_5\!\!-\!\!COOC_2H_5 + H_2O$$

可能的副反应有：

$$2C_2H_5OH \underset{\triangle}{\overset{\text{浓}H_2SO_4}{\rightleftharpoons}} C_2H_5OC_2H_5 + H_2O$$

$$CH_3CH_2OH \underset{170℃}{\overset{\text{浓}H_2SO_4}{\longrightarrow}} CH_2\!=\!CH_2 + H_2O$$

使用苯甲酰氯和乙醇为原料合成苯甲酸乙酯的主反应式为：

$$\text{C}_6\text{H}_5\text{—COCl} + \text{C}_2\text{H}_5\text{OH} \xrightarrow{\triangle} \text{C}_6\text{H}_5\text{—COOC}_2\text{H}_5 + \text{HCl}$$

可能的副反应有：

$$\text{C}_6\text{H}_5\text{—COCl} + \text{H}_2\text{O} \longrightarrow \text{C}_6\text{H}_5\text{—COOH} + \text{HCl}$$

使用苯甲酰氯与乙醇反应制备产品时，由于有有害气体氯化氢产生，因此需在回流冷凝管末端连接一尾气吸收装置，利用稀氢氧化钠溶液吸收反应产生的尾气。

由于反应产物苯甲酸乙酯沸点较高，因此既可以采用电热套在较高温度下常压蒸馏蒸出产物，也可利用减压蒸馏的方法在较低温度下蒸出产物，减压蒸馏时苯甲酸乙酯的沸点 T 和体系压力 P 的对应关系为：

P/mmHg	10	20	30	40	50	60	70	80	90	100	400	760
T/℃	86	102.5	111.3	118.2	123.7	128.5	132.5	136.2	139.5	143.2	188.4	212.4

三、仪器与试剂

主要仪器：圆底烧瓶、回流冷凝管、油水分离器、蒸馏头、真空接引管、克氏蒸馏头、锥形瓶、温度计等。

主要试剂：

方法 1：苯甲酸（AR）、无水乙醇（AR）、浓硫酸（AR）、环己烷（AR）、碳酸钠（AR）、乙醚（AR）、无水硫酸镁（AR）等。

方法 2：苯甲酰氯（AR）、无水乙醇（AR）、氢氧化钠（AR）、浓盐酸（AR）等。

四、试剂主要物理常数

药品名称	分子量	熔点/℃	沸点/℃	密度/g·cm⁻³	水溶解性
苯甲酸	122.12	122.13	249	1.2659	微溶于水
苯甲酰氯	140.57	−1	197	1.22	遇水分解
无水乙醇	46.07	−114	78.4	0.789	与水混溶
苯甲酸乙酯	150.17	−34.6	212.6	1.05	不溶于水
浓硫酸	98.08	10.36	338	1.84	易溶于水

五、装置图

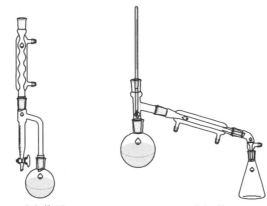

图 5.6　反应装置（一）　　　　图 5.7　蒸馏装置

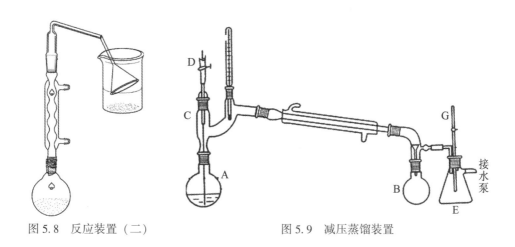

图 5.8　反应装置（二）　　　　　　图 5.9　减压蒸馏装置

六、实验步骤

1. 方法 1

在 50 mL 干燥的圆底烧瓶中加入干燥的苯甲酸 4.0 g（0.0328 mol），无水乙醇 10.0 mL（0.1713 mol）、环己烷 8 mL 和浓硫酸 3.0 mL，摇匀后加入 2~3 粒沸石。按照图 5.6 装上油水分离器和回流冷凝管。

小火加热，使其缓慢回流。随着回流的进行，油水分离器中出现上、下两层。当下层接近油水分离器支管时，将下层液体放入量筒中。继续回流，蒸出过量的乙醇和环己烷，至瓶内有白烟或回流下来的液体无滴状，停止加热、冷却。约需 2.0 h。

待反应液冷却后，将瓶中残留液倒入烧杯中，搅拌下慢慢加入饱和碳酸钠溶液至无二氧化碳气体冒出或 pH 试纸检验显中性或弱碱性。

将液体转入分液漏斗中，分出有机层，并用 25 mL 乙醚萃取水层，然后合并萃取液到有机层中。加入无水硫酸镁干燥至少 15 min。水相可倒入回收瓶中，用盐酸调节 pH 值至酸性，待苯甲酸结晶析出完毕后，抽滤回收苯甲酸，并用少量冷水洗涤。

水浴下低温蒸出乙醚，待乙醚蒸完后按照图 5.7 改成蒸馏装置，并用电热套加热，收集 210~212 ℃的馏分即产品苯甲酸乙酯；或者在乙醚蒸完后，按照图 5.9 改装成减压蒸馏装置，根据前面表中数据收集产品。

2. 方法 2

在 50 mL 干燥的圆底烧瓶中加入苯甲酰氯 12.0 mL（0.1041 mol），无水乙醇 7.0 mL（0.1199 mol）和 2~3 粒沸石，按照图 5.8 装上回流冷凝管和尾气吸收装置，并在烧杯中加入 5%氢氧化钠溶液吸收反应产生的尾气。

小火加热回流 2.0 h，然后停止加热、冷却。待冷却至室温后按照图 5.7 改成蒸馏装置，利用电热套加热，收集 210~212 ℃的馏分即产品苯甲酸乙酯，或者先利用蒸馏装置蒸出多余的乙醇等，然后按照图 5.9 安装装置利用减压蒸馏的方式蒸出产品苯甲酸乙酯。

七、注意事项

（1）本实验所使用的圆底烧瓶、回流冷凝管等最好事先烘干。

（2）在方法 1 中加入原料时，应注意加料顺序，先加乙醇，后加浓硫酸，且加入浓硫酸后应混合均匀后，再安装装置进行反应，以免副反应过多或碳化。

（3）沸石必须在适当的时候加入。

（4）酒精灯中的酒精加入量必须符合要求，不要加多。

（5）方法 2 中需要安装尾气吸收装置吸收反应产生的有害气体。

（6）回流时温度不应过高，以免副产物过多，影响产率。

（7）反应时间到后，必须熄灭酒精灯，待冷却后才能进行下一步的操作。

（8）方法 1 中加入碳酸钠溶液的目的是除去硫酸和未反应的苯甲酸。

（9）方法 1 中如果在用碳酸钠溶液洗涤时粗产物中含絮状沉淀难以分层，可直接加入乙醚萃取。

（10）使用分液漏斗操作应规范，分液应分干净。

（11）本实验方法 1 的干燥用无水硫酸镁，通常干燥半个小时以上，最好放置过夜，但在本实验中，为了节省时间，可放置 15 min 左右，要注意判断干燥剂用量是否足够，干燥剂可略多；由于干燥不完全，可能前馏分多些。

八、思考题

（1）本实验采用了何种措施提高产物产率？

（2）方法 1 中为什么使用油水分离器呢？

（3）本实验何种原料过量？为什么？为什么方法 1 中要添加环己烷？

（4）方法 1 中浓硫酸的作用是什么？常用的酯化反应的催化剂有哪些呢？

（5）方法 1 中各步洗涤的目的是什么呢？

（6）方法 2 中为什么要使用尾气吸收装置？安装该装置时应注意什么？

（7）方法 2 中可能的副反应有哪些？

（8）方法 1 中加入碳酸钠溶液的目的是什么？

实验四　肉桂醛的制备

一、实验目的

（1）熟悉肉桂醛的结构、性质及用途。

（2）掌握肉桂醛的合成方法及注意事项。

（3）熟悉分液漏斗的操作规范和注意事项。

（4）掌握减压蒸馏装置的安装和使用及注意事项。

二、实验原理

肉桂醛（cinnamaldehyde）通常称为桂醛，是一种醛类有机化合物，为黄色黏稠状液体，天然存在于肉桂油、桂皮油、藿香油、风信子油和玫瑰油等精油中。自然界中天然存在的肉桂醛均为反式结构，该分子为一个丙烯醛上连接一个苯基，因此可被认为是一种丙烯醛衍生物。肉桂醛颜色是因为 $\pi \rightarrow \pi^*$ 跃迁而产生的，而共轭结构的存在使得肉桂醛的吸收光谱进入可见光波段。

肉桂醛具有强烈的桂皮油和肉桂油的香气，温和的辛香气息，较桂醇香气清强，香气强烈持久，没有辣味。肉桂醛难溶于水、甘油，易溶于醇、醚和石油醚中，且能随水蒸气挥发。在强酸性或者强碱性介质中肉桂醛不稳定，易导致变色，在空气中易氧化。

肉桂醛用途广泛。肉桂醛作为羟酸类含香化合物，有良好的持香作用，在调香中作配香原料使用，使主香料香气更清香。因其沸点比分子结构相似的其他有机物高，因而也常用作定香剂。常用于皂用香精，也用于调制栀子、素馨、铃兰、玫瑰等香精，在食品香料中可用于苹果、樱桃、水果香精。

在食品工业领域，肉桂醛常被用于食用香料、保鲜防腐防霉剂（纸），同时也是很好的调味料，用来改善口感风味，且具有很好的抑制霉菌、杀菌、消毒的效果。

肉桂醛本身是一种香料，它在饲料中具有促进生长、改进饲料效率以及控制禽、畜细菌性下痢的功能，并能增加饲料的香味，引诱动物进食，还能长时间防止饲料霉变，添加肉桂醛后不用再添加其他防腐剂。

肉桂醛在保健品及防腐领域也应用较广。一些保健酒中肉桂醛是主要药材，其本身具有良好的扩张血管、促进血液循环、令人兴奋的功效，对于人体没有任何毒副作用。肉桂醛还能增强脑力，有助于增强人的记忆力。肉桂醛的防腐功效，在槟榔加工品中也已得到有力的证实。肉桂醛能增强槟榔的药用功效，使槟榔更为纯粹，其特有的肉桂香味还能提升槟榔的口感口味。

在化工方面，肉桂醛可做成显色剂、实验试剂，可用作杀虫剂、驱蚊剂、冰箱除味剂、保鲜剂等，可作为有机合成的原料。在工业中，可做成显色剂、实验试剂。肉桂醛还可应用于石油开采中的杀菌灭藻剂、酸化缓蚀剂，代替目前使用的戊二醛等传统防腐杀菌剂，可显著增加石油产量，提高石油质量，降低开采成本。肉桂醛对于酸性或碱性的物质，都具有较强的杀菌消毒功能，还可广泛用于防腐防霉保鲜。肉桂醛口香糖可杀菌除臭。以肉桂醛为主要原料的生物制剂驱鸟胶体剂，可缓慢持久地释放出一种影响禽鸟中枢神经系统的气体，鸟雀闻后即刻飞走，在其记忆期内不会再来，时效长，既有效驱赶了鸟类，又不会伤害到鸟类，是一种绿色环保型的驱鸟产品，解决了人类的世界级难题。

在医药领域，肉桂醛具有如下作用：

（1）杀菌消毒防腐，特别是对真菌有显著效果。

（2）抗溃疡，加强胃、肠道运动。

（3）具有脂肪分解作用，因而可以用于血糖控制药中，加强胰岛素替换葡萄糖的性能，防治糖尿病。

（4）抗病毒作用。对流感病毒、SV10 病毒引起的肿瘤抑制作用强大。

（5）抗癌作用。可抑制肿瘤的发生，并具抗诱变作用和抗辐射作用。

（6）扩张血管及降压作用。对肾上腺皮质性高血压有降压作用。

（7）壮阳作用。

（8）常用于外用药、合成药中，进一步深入加工合成许多功效强大的药物。

肉桂醛的合成方法较多，目前常用的是苯甲醛和乙醛发生羟醛缩合反应，进而脱水生成产物。其主要反应方程式为：

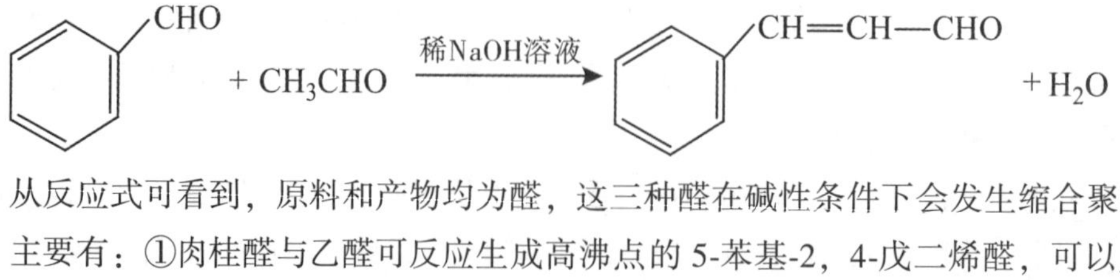

从反应式可看到，原料和产物均为醛，这三种醛在碱性条件下会发生缩合聚合等副反应，主要有：①肉桂醛与乙醛可反应生成高沸点的 5-苯基-2，4-戊二烯醛，可以用分馏方

法除去；②肉桂醛和苯甲醛自身缩合或聚合，该产物沸点较高，也可分馏除去；③只有乙醛自身缩合生成的 4 个或 8 个以上碳原子的化合物，沸点高低不同，难以用分馏方法除去，所以应严格控制反应条件，尽量降低其产生。

三、仪器与试剂

主要仪器：三颈烧瓶、圆底烧瓶、回流冷凝管、直型水冷凝管、克氏蒸馏头、蒸馏头、真空接引管、锥形瓶、温度计、分液漏斗等。

主要试剂：

方法 1：苯甲醛（AR）、30%乙醛、95%乙醇、氯化钠（AR）、无水硫酸镁（AR）、乙醚（AR）、1%氢氧化钠溶液等。

方法 2：苯甲醛（AR）、30%乙醛、苯（AR）、5%氢氧化钠溶液、浓盐酸（AR）等。

四、试剂主要物理常数

药品名称	分子量	熔点/℃	沸点/℃	密度/g·cm^{-3}	水溶解性
苯甲醛	106.12	−26	179	1.04	微溶于水
乙醛	44.05	−121	20.8	0.7834	与水互溶
苯	78.11	5.5	80	0.8765	难溶于水
乙醚	74.12	−116.3	34.6	0.7134	微溶于水
氢氧化钠	40.0	318.4	1390	2.13	易溶于水
氯化钠	58.44	801	1465	2.165	易溶于水
浓盐酸	36.5			1.179	易溶于水

五、装置图

 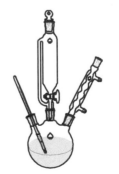

图 5.10　反应装置（一）　　　图 5.11　反应装置（二）

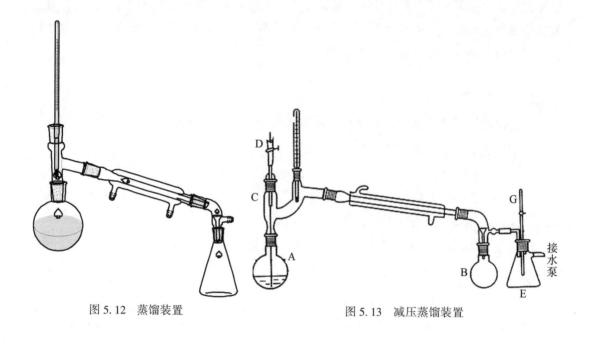

图 5.12 蒸馏装置　　　　　　　　　图 5.13 减压蒸馏装置

六、实验步骤

1. 方法 1

在 250 mL 三颈瓶中加入 120 mL 1%氢氧化钠溶液、20 mL 95%乙醇、5 mL 苯甲醛（0.049 mol）、6.6 mL（0.0352 mol）30%乙醛溶液，并加入 1 颗搅拌子，按照图 5.10 装好装置。启动搅拌，水浴下升温到 28 ℃，并在此温度下搅拌反应 5 h，然后向其中加入 10 g氯化钠固体，搅拌均匀。

搅匀后，每次加入 15 mL 乙醚分三次萃取反应瓶中产物，合并有机相，并用无水硫酸镁干燥有机相。按照图 5.12 安装好蒸馏装置，水浴蒸馏除去乙醚。剩余液体按照图 5.13 装好装置，利用减压蒸馏先蒸出沸点稍低的苯甲醛，后蒸出肉桂醛，量体积，回收。

2. 方法 2

在 250 mL 三颈瓶中加入苯甲醛 29 mL（0.2842 mol）、5%氢氧化钠溶液 40 mL 和 10 mL 苯，并加入一颗搅拌子，按照图 5.11 安装好装置。启动搅拌，20 ℃下在恒压滴液漏斗中滴加 30%乙醛溶液 38 mL（0.2027 mol），控制滴加速度，并利用水浴以维持反应温度 20 ℃。在反应过程中，三颈瓶内颜色由白色逐渐变成浅黄色，最后变为深黄色。在乙醛滴加完毕后，继续在此反应温度下搅拌 1 h 以使反应更加完全。然后停止搅拌，将反应瓶中液体转入分液漏斗中，分出有机相。利用浓盐酸调节有机相 pH 值至 7 左右，再次分出有机相，利用无水硫酸镁干燥有机相 15 min。

将干燥后的有机相转入蒸馏瓶中按照图5.13装好装置，利用减压蒸馏的方式先蒸出苯和苯甲醛，再蒸出肉桂醛（浅黄色油状液体），量体积，回收。

七、注意事项

（1）反应温度应控制好，必要时可用冷水冷却。

（2）方法2中滴加乙醛溶液时可适当加快滴加速度。

（3）滴加乙醛溶液时及保温反应时应快速搅拌。

（4）使用分液漏斗操作应规范，分液应分干净。

（5）本实验方法1的干燥用无水硫酸镁，通常干燥半个小时以上，最好放置过夜，但在本实验中，为了节省时间，可放置15 min左右，要注意判断干燥剂用量是否足够，干燥剂可略多；由于干燥不完全，可能前馏分多些。

（6）蒸馏装置及减压蒸馏装置要正确安装，操作应规范。

八、思考题

（1）请写出本反应的主反应方程式和可能的副反应方程式。

（2）反应中氢氧化钠溶液的作用是什么？

（3）请简述分液漏斗的使用步骤及注意事项。

（4）请简述减压蒸馏的基本操作及注意事项。

实验五　生姜中姜油的提取

一、实验目的

（1）学习关于姜油的一些知识。

（2）了解提取姜油等天然香料的实验方法。

二、实验背景和原理

姜属于姜科姜属，为多年生草本植物，是做菜的一种重要调料，主产区为中国、印度、斯里兰卡、美国和欧洲国家等，姜油是其中的重要成分。姜油为淡黄至黄色液体，久存会变稠，主要存在于新鲜生姜中。有特殊的气味和辛辣的滋味，具有生姜特征香气，溶于大多数非挥发性油和矿物油，不溶于甘油和丙二醇，有一定抗氧化作用，主要产于牙买加、西非地区、印度、中国和澳大利亚。姜油具有护发功效，还可放松头部神经，使人头脑清晰，活化思绪，增强记忆力，对偏头痛、周期性头痛也具有一定的治疗作用。因此姜油主要用于配制食用香精、各种含酒精饮料、软饮料和糖果，也用于香水等化妆品。姜油的主要成分有姜烯酮、姜烯酚、姜烯、水芹烯、金合欢烯、桉叶油素、龙脑、乙酸龙脑酯、香叶醇、芳樟醇、壬醛、癸醛等。

姜油的密度一般为 $0.877 \sim 0.888$ g·mL^{-1}，折射率 $1.488 \sim 1.494$（20 ℃），旋光度 $-28° \sim -45°$。

常见的提取方法有水蒸气蒸馏法和冷榨法，水蒸气蒸馏法又可分为索氏提取法、油水分离器法、普通蒸馏法和普通水蒸气蒸馏装置法等。

用水蒸气蒸馏的方法可得姜油，得油率为 0.3% 左右，冷榨法提油，得油率为 0.33% 左右。

三、仪器、材料与试剂

1. 主要仪器

圆底烧瓶、恒压滴液漏斗、球形冷凝管、直型水冷凝管、油水分离器、蒸馏头、真空接引管、锥形瓶及水循环真空泵等。

2. 主要材料与试剂

新鲜生姜（市售生姜）、水。

四、装置图

图 5.14　提取装置（一）　　　图 5.15　提取装置（二）

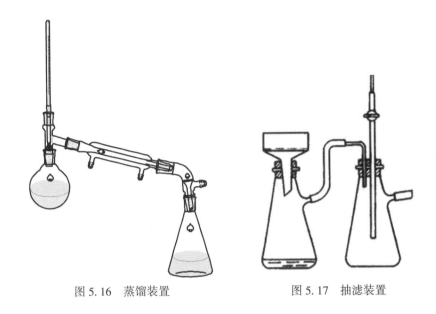

图 5.16　蒸馏装置　　　　　　　图 5.17　抽滤装置

五、实验步骤

方法 1：称取 50 g 新鲜生姜，洗净，切碎成小颗粒，放入 250 mL 圆底烧瓶中，再向其中加入 100 mL 水和 2~3 粒沸石，然后按照装置图（见图 5.14）安装上恒压滴液漏斗和回流冷凝管。关闭恒压滴液漏斗的活塞，利用电热套等加热圆底烧瓶，使圆底烧瓶内水剧烈沸腾产生大量水蒸气，姜油就随着水蒸气经过恒压滴液漏斗的支管进入冷凝管中，经过冷凝再滴入恒压滴液漏斗中，由于姜油难溶于水，在滴液漏斗中就分为油水两相。每间隔一段时间就打开恒压滴液漏斗旋塞放出下层的水，同时使上层的油相始终保留在滴液漏斗中。如此反复操作多次，经过 2~3 h，停止加热，待冷却后，先分离出恒压滴液漏斗下层的水，再将余下的姜油转移到回收瓶中保存。

方法 2：称取 50 g 新鲜生姜，洗净，切碎成小颗粒，放入 250 mL 圆底烧瓶中，再向其中加入 150 mL 水和 2~3 粒沸石，然后按照装置图（见图 5.15）安装上油水分离器和回流冷凝管。待装置安装好后，接通冷凝水，加热圆底烧瓶，使瓶内水剧烈沸腾产生大量蒸汽，姜油就随着这些水蒸气通过油水分离器的支管进入冷凝管中，经过冷凝再滴入油水分离器中，姜油在上层成为油相，水则留在下层成为水相。每间隔一段时间就从油水分离器中放出部分水，保证姜油始终在油水分离器中。待圆底烧瓶中液体体积残留 1/2 左右时，停止加热。待冷却后，先分离出油水分离器中的水，然后转移出余下的姜油到回收瓶中保存。

方法 3：称取 50 g 新鲜生姜，洗净，切碎成小颗粒，放入 250 mL 圆底烧瓶中，再向其中加入 150 mL 水和 2~3 粒沸石，然后按照装置图（见图 5.16）安装上蒸馏头、回流冷凝管、真空接引管和接收瓶等。待装置安装好后，接通冷凝水，加热圆底烧瓶，使瓶内水剧烈沸腾产生大量蒸汽，姜油就随着这些水蒸气通过蒸馏头支管进入冷凝管中，经过冷凝流入接收瓶中。待圆底烧瓶中液体体积残留 1/2 左右时，停止加热。待冷却后，将接收瓶中液体转移到分液漏斗中，先分离出下层的水，再将余下的姜油转移到回收瓶中保存。

方法 4：称取 50 g 新鲜生姜，洗净，在研钵中研烂，尽量将油水挤出（有条件的可用小型压榨机），将挤出物进行抽滤，滤渣再用少量水冲洗 2~3 次，抽滤至干。合并几次抽滤的滤液并转移到专用试管中，利用高速离心机离心分离 5 min 左右，然后用滴管吸出上层油层。残液中再加入少量水搅拌后，重复上述操作。合并吸出的油层即得粗姜油。将粗姜油放在冰箱中，在 5~8℃下静置（约需一周），待杂质下沉后，再吸出上层清油，就可得较好的冷榨姜油。

用柠檬皮、橘皮、松针等代替生姜，采用上述方法可得到相应精油。

六、注意事项

（1）生姜一定要充分切碎。

（2）加热时也要注意避免过热从而沸腾过于剧烈，避免圆底烧瓶内液体爆沸直接进入冷凝管中，进而溢出。

（3）必须等冷却后才能拆下装置。

（4）要有足够的静置时间保证姜油分层清晰。

七、思考题

（1）姜油具有什么功效？

（2）如果选用生姜干粉作为原料可不可以呢？为什么？

（3）提取时，如果不知道姜油的密度大小，如何能明确判断姜油在液面的上层还是下层？

第六章　农　药

农药（pesticides）广义上是指用于预防、消灭或者控制危害农业、林业的病、虫、草和其他有害生物以及有目的地调节、控制、影响植物和有害生物代谢、生长、发育、繁殖过程的化学合成或者来源于生物、其他天然产物及应用生物技术产生的一种物质或者几种物质的混合物及其制剂。狭义上是指在农业生产中，为保障、促进植物和农作物的生长，所施用的杀虫、杀菌、杀灭有害动物（或杂草）的一类药物统称，特指在农业上用于防治病虫以及调节植物生长、除草等的药剂。

农药的使用最早可追溯到公元前 1000 多年。在古希腊，已有用硫黄熏蒸害虫及防病的记录。公元前 7—前 5 世纪的中国春秋时期，也开始使用莽草、蜃炭灰（石灰）、牧鞠等灭杀害虫。农药的发展大体分为两个阶段，即 20 世纪 40 年代前的以天然药物及无机化合物农药为主的天然和无机药物时代和从 20 世纪 40 年代初期开始的有机合成农药时代。

早期人类常把农牧业病虫草害引起的严重自然灾害视为天灾。后来，通过长期的生产和生活实践，逐渐认识到一些天然物质具有防治农牧业中有害生物的性能。到 17 世纪，已经陆续发现了一些具有实用价值的农用药物，当时常把烟草、除虫菊、松脂、鱼藤等杀虫植物加工成制剂作为农药使用。1763 年，法国使用烟草及石灰粉防治蚜虫，这是世界上首次报道的杀虫剂。1800 年，美国人 Jimtikoff 发现高加索部族用除虫菊粉灭杀虱、蚤，因此其于 1828 年将除虫菊加工成防治卫生害虫的杀虫粉出售。1848 年，Oxley 又制造了鱼藤根粉。在此时期，由于这类药剂的普遍使用，除虫菊花的贸易维持了中亚一些地区的经济。该类药剂至今仍在使用。

除了天然药物得到发展外，无机农药也逐渐进入人们的视线。公元 900 年，中国已使用雄黄（三硫化二砷）防治园艺害虫。从 19 世纪 70 年代到 20 世纪 40 年代中期，又陆续发展出了一批人工制造的无机农药。1851 年，法国 Grison 用等量的石灰与硫黄加水共煮制取石硫合剂雏形——Grison 水，此为开发最早的无机农药。1882 年，法国的 Millardet 在波尔多地区发现硫酸铜与石灰水混合有防治葡萄霜霉病的效果，由此研制出波尔多液，并于 1885 年开始作为保护性杀菌剂广泛应用。目前，波尔多液及石硫合剂的应用仍较为广泛。波尔多液出现后不久，硫酸铁也被用于防治谷类作物中的双子叶杂草。

随着有机合成工业的发展，有机合成的农药也开始不断涌现，开始进入有机合成农药时代。1913 年，在德国首次应用有机汞化合物作为种子处理剂。1932 年，二硝基邻甲酚在法国获得专利，用于谷类作物的杂草防除。1934 年，第一种二硫代氨基甲酸酯杀菌剂——福美双在美国获得专利。20 世纪 40 年代初，强力杀虫剂滴滴涕诞生于瑞士，杀虫剂六六六也开始出现，有机磷杀虫剂在德国得到开发。1945 年，第一种通过土壤作用的氨基甲酸酯类除草剂被英国人发现；有机氯杀虫剂氯丹在美、德首先得到应用。不久，氨基甲酸酯类杀虫剂在瑞士开发成功。"二战"末期，具有选择性的苯氧乙酸除草剂、有机氯和有机磷杀虫剂等进入商品应用阶段。20 世纪 50 年代，又开发出氨基甲酸酯类杀虫剂，瑞士开发了三氮苯类除草剂，英国开发了季铵盐类除草剂。1960—1965 年，敌草腈、氟乐灵和溴苯腈开始投入使用。1968 年，出现了内吸杀菌剂苯菌灵以及美国发现的除草剂草甘膦。20 世纪 70 年代，英国和日本的研究人员一直在对光稳定的拟除虫菊酯杀虫剂方面进行工作。

农药蓬勃发展的同时，高残留农药的环境污染和残留问题引起了世界各国的关注和重视，20 世纪 70 年代开始，许多国家陆续禁用滴滴涕、六六六等高残留的有机氯农药和有机汞农药，并建立了环境保护机构，以进一步加强对农药的管理。鉴于此，农药开发的目标开始转向高效、低毒的方向，并十分重视它们对生态环境的影响。通过努力，开发出一系列高效、低毒、选择性好的农药新品种。

在杀虫剂方面，仿生农药如拟除虫菊酯类、沙蚕毒类的农药开始开发和应用，给杀虫剂农药带来了新的突破，许多新的昆虫生长调节剂也不断得到开发。此类杀虫剂的开发被称为"第三代杀虫剂"，其包括噻嗪酮、灭幼脲、杀虫隆、伏虫隆、抑食肼、定虫隆、烯虫酯等产品。最近，又出现了被称为"第四代杀虫剂"的昆虫行为调节剂，比如信息素、拒食剂等。

在杀菌方面，抑制麦角甾醇生物合成药剂的开发是此时期的特点，目前杀菌剂产品主要有吗啉类、哌嗪类、咪唑类、三唑类、吡唑类和嘧啶类等，均为含氯杂环化合物，它们均能有效防治由子囊菌纲、担子菌纲、半知菌纲等引起的作物病害。由于它们能被植物吸收并在体内传导，故兼具保护和治疗的作用，它们的药效比前期的药剂提高了一个数量级，其中尤以三唑类杀菌剂的开发更为重要。此外，具有杀菌活性的农用抗生素的开发也十分引人关注，由于具有高效、高选择性、易降解等特点，因此发展迅速，目前主要产品有多氧霉素、有效霉素等。

除草剂也得到快速发展，是各类农药中发展最突出的。这些新型除草剂具有活性高、选择性强、持效适中及易降解等特点。尤其是磺酰脲类和咪唑啉酮类除草剂的开发，影响尤其巨大，可以说是除草剂领域的一大革命。较之前期的有机除草剂，该类新型除草剂的药效提高了两个数量级，它们对多种一年或多年生杂草有效，对人畜安全，芽前、芽后处理均可。该类除草剂主要品种有绿磺隆、甲磺隆、阔叶净、禾草灵丁硫咪唑酮、灭草喹、草甘膦等。同时，在此阶段也出现了除草抗生素——双丙氨膦。

农药分类方法众多，根据原料来源可分为有机农药、无机农药、植物性农药、微生物农药；此外，还有昆虫激素。按用途主要可分为杀虫剂、杀螨剂、杀鼠剂、杀线虫剂、杀软体动物剂、杀菌剂、除草剂、植物生长调节剂等。按原料来源可分为矿物源农药（无机农药）、生物源农药（天然有机物、微生物、抗生素等）及化学合成农药。按化学结构分，主要有有机氯、有机磷、有机氮、有机硫、氨基甲酸酯、拟除虫菊酯、酰胺类化合物、脲类化合物、醚类化合物、酚类化合物、苯氧羧酸类、脒类、三唑类、杂环类、苯甲酸类、有机金属化合物类等，它们都是有机合成农药。根据加工剂型可分为粉剂、可湿性粉剂、乳剂、乳油、乳膏、糊剂、胶体剂、熏蒸剂、熏烟剂、烟雾剂、颗粒剂、微粒剂及油剂等。本章就简单介绍几种农药的制备方法。

实验一　敌敌畏的制备

一、实验目的

（1）学习杀虫剂的结构、性质、分类和用途。
（2）熟悉杀虫剂敌敌畏的结构和性质。
（3）学习敌敌畏的制备方法和注意事项。

二、实验原理

杀虫剂是指杀死害虫的一种药剂，主要用于防治农业害虫和城市卫生害虫，如甲虫、苍蝇、蛴螬、鼻虫、跳虫以及近万种其他害虫。杀虫剂使用历史久远、用量大、品种多，其使用先后经历了几个阶段：最早发现的是天然杀虫剂及无机化合物，但是它们作用单一、用量大、持效期短；有机氯、有机磷和氨基甲酸酯等有机合成杀虫剂，它们的特征是高效、高残留或低残留，其中有不少品种对哺乳动物有较高的急性毒性。

20世纪以来，农业的迅速发展，杀虫剂令农业产量大幅提升，但由于几乎所有杀虫剂会严重地改变生态系统，大部分对人体有害，其他的会被集中在食物链中，我们必须在农业发展与环境及健康中取得平衡。杀虫剂按来源可分为生物源杀虫剂和化学合成杀虫剂两类。

按照作用方式，杀虫剂可分为胃毒剂（经虫口进入其消化系统起毒杀作用）、触杀剂（与表皮或附器接触后渗入虫体，或腐蚀虫体蜡质层，或堵塞气门而杀死害虫）、熏蒸剂（利用有毒的气体、液体或固体的挥发而发生蒸气毒杀害虫或病菌）和内吸杀虫剂（被植物种子、根、茎、叶吸收并输导至全株，在一定时期内，以原体或其活化代谢物随害虫取食植物组织或吸吮植物汁液而进入虫体，起毒杀作用）；按毒理作用，杀虫剂可分为神经毒剂（作用于害虫的神经系统）、呼吸毒剂（抑制害虫的呼吸酶）、物理性毒剂、特异性杀虫剂（引起害虫生理上的反常反应）；按来源，杀虫剂可分为无机和矿物杀虫剂、植物性杀虫剂、有机合成杀虫剂、昆虫激素类杀虫剂。

本实验所研究的就是有机合成杀虫剂。绝大多数有机合成杀虫剂会进入害虫体内，在一定部位干扰或破坏正常生理、生化反应。进入害虫体内的途径，有的是随取食通过口器进入消化道、渗入血液中，有的是通过表皮，也有的是通过气孔和气管，进入体内的药剂与害虫体内的各种酶发生生化反应，一些反应使药剂降解失去毒力，但也有些药剂被活化使毒力增强，未被降解（或活化后的化合物）的药剂因作用机理不同而在一定部位发挥毒杀作用，如作用于神经系统或作用于细胞内的呼吸代谢过程。

敌敌畏又名 DDVP，学名 O，O-二甲基-O-（2，2-二氯乙烯基）磷酸酯，有机磷杀虫剂的一种，分子式 $C_4H_7Cl_2O_4P$。纯品为无色至琥珀色液体，微带芳香味，挥发性大，制剂为浅黄色至黄棕色油状液体，室温下在水中溶解度为 1%，煤油中溶解度为 2% ~ 3%，能与大多数有机溶剂和气溶胶推进剂混溶。在水溶液中还会缓慢分解，遇碱分解加快，对热稳定，对铁有腐蚀性。

敌敌畏为广谱性杀虫、杀螨剂，具有触杀、胃毒和熏蒸作用。触杀作用比敌百虫效果好，对害虫击倒力强而快。可用乳油配成高浓度药液喷洒在仓库防治害虫、害螨，密闭 3~4 天后再通风散气，气温较高时药效更好；药液喷洒在棉仓墙面上熏蒸，可防治水稻褐飞虱、棉红铃虫；毒土或毒糠田间撒施熏蒸，可防治黏虫；药液喷洒，可防治稻纵卷叶虫等隐蔽性害虫。敌敌畏施用后能迅速分解，持效期短，无残留，可在作物收获前很短的时期内施用，以防治刺吸式口器和咀嚼式口器害虫，故适用于苹果、梨、葡萄等果树及蔬菜、蘑菇、茶树、桑树、烟草上，一般收获前禁用期为 7 天左右。

但敌敌畏对高粱、玉米易发生药害，瓜类、豆类对敌敌畏也较敏感，而且敌敌畏会使人畜中毒，对鱼类毒性较高，对蜜蜂有剧毒，使用时应注意。80%敌敌畏可经口服、皮肤吸收或呼吸道被人体吸入。口服中毒者潜伏期短，发病快，病情严重，常见有昏迷，可在数十分钟内死亡。口服者消化道刺激症状明显。

敌敌畏的常用制法有脱氯化氢法和直接合成法两种。

脱氯化氢法使敌百虫在碱性条件下脱氯化氢即可生成敌敌畏，其反应式为：

直接合成法即利用亚磷酸三甲酯与三氯乙醛反应，脱去一分子氯甲烷而合成，其反应式为：

$$
\begin{array}{c}
CH_3O \\
 \\ P-OCH_3 \\
CH_3O
\end{array}
+ Cl_3C-\overset{\overset{\displaystyle O}{\|}}{CH} \longrightarrow
\begin{array}{c}
CH_3O \\ \\ P \\ CH_3O
\end{array}
\overset{\displaystyle O}{\underset{O-CH=CCl_2}{\|}}
+CH_3Cl\uparrow
$$

三、仪器与试剂

主要仪器：磁力加热搅拌器、三颈烧瓶、恒压滴液漏斗、温度计、回流冷凝管、旋转蒸发仪等。

主要试剂：

（1）脱氯化氢法：敌百虫（AR）、苯（AR）和40%氢氧化钠溶液等。

（2）直接合成法：亚磷酸三甲酯（AR）、三氯乙醛（AR）等。

四、试剂主要物理常数

试剂名称	分子量	熔点/℃	沸点/℃	密度/g·cm^{-3}	水溶解性
敌百虫	257.45	83~84	100（13.33kPa）	1.73	可溶于水
氢氧化钠	40.00	318.4	1390	2.130	易溶于水
苯	78.11	5.5	80	0.8765	难溶于水
三氯乙醛	147.38	−57.5	97.7	1.51	溶于水
亚磷酸三甲酯	124.08	−78	112	1.05	不溶于热水
敌敌畏	220.98	−60	140	1.42	微溶于水
氯甲烷	50.49	−97.7	−23.7		微溶于水

五、装置图

图6.1 反应装置（一）

图6.2 反应装置（二）

六、实验步骤

1. 脱氯化氢法

按照图 6.1 安装好三颈瓶、回流冷凝管、恒压滴液漏斗、温度计，并在冷凝管上口处连接一尾气吸收装置，然后向三颈瓶中加入 26 g（0.1010 mol）敌百虫固体及 75 mL 水，启动搅拌使敌百虫固体分散均匀，然后在搅拌下通过恒压滴液漏斗慢慢加入 30 mL 苯和 10 mL 40%氢氧化钠溶液，待加料完毕，水浴升温，在 40 ℃左右温度下反应 30 min，至反应体系 pH>8（必要时可适当补充 40%氢氧化钠溶液）。停止反应，冷却至室温，将反应体系液体转移至分液漏斗，分出有机相，弃去水相。将有机相在 55 ℃下旋转蒸发除去溶剂苯，即得产品敌敌畏。

2. 直接合成法

按照图 6.2 安装好三颈瓶、回流冷凝管、恒压滴液漏斗、温度计，然后向三颈瓶中加入 10 mL（0.1025 mol）三氯乙醛，启动搅拌，常温下在搅拌下慢慢滴加 12.0 mL（0.1015 mol）的亚磷酸三甲酯，滴加时要注意控制反应体系温度不超过 60 ℃，滴加完毕后于 70 ℃保温搅拌反应 90 min，即得敌敌畏粗品，收率可达 94.53%。

七、注意事项

（1）取用药品要在通风橱内进行。

（2）反应时也要保证良好的通风效果，并做好防护，避免中毒。

（3）脱氯化氢法制备敌敌畏时，由于有氯化氢等气体产生，需要安装好尾气吸收装置；用恒压漏斗滴加液体时开始不能太快，以免氯化氢产生过快，放热过多，产生过多副产物。

（4）在用直接法合成敌敌畏时，滴加亚磷酸三甲酯时会放出大量的热，因此需控制好滴加速度，保证反应体系温度不超过 60 ℃。

（5）在用直接法合成敌敌畏时，有氯甲烷产生，氯甲烷是无色可燃的有毒气体，有可燃性，与空气能形成爆炸性混合物，氯甲烷在 60 ℃以上碱液中易水解成甲醇，因此也需要在冷凝管上连接一尾气吸收装置将尾气导引到 60 ℃以上氢氧化钠稀溶液中使其被水解处理，且需要做好通风。

八、思考题

（1）杀虫剂按照作用方式可分为哪几类？按照毒理又是怎么分类的呢？

（2）请说明为什么脱氯化氢法制备敌敌畏时也需要安装尾气吸收装置，该装置安装时应注意什么？

（3）为什么在用直接法合成敌敌畏时，需要将尾气导引到 60 ℃以上氢氧化钠稀溶液中？可不可以直接用冷水呢？

实验二　植物生长调节剂 2，4-二氯苯氧乙酸的制备

一、实验目的

（1）了解植物生长调节剂的定义和作用机制。
（2）了解植物生长调节剂的特点。
（3）熟悉制备 2，4-二氯苯氧乙酸的方法和注意事项。

二、实验原理

植物激素是指植物体内天然存在的对植物生长、发育有显著作用的微量有机物质，也被称为植物天然激素或植物内源激素。它的存在可影响和有效调控植物的生长和发育，包括从细胞生长、分裂，到生根、发芽、开花、结实、成熟和脱落等一系列植物生命全过程。

植物生长调节剂是指人们在了解天然植物激素的结构和作用机制后，通过人工合成与植物激素具有类似生理和生物学效应的物质，即人工合成的对植物的生长发育有调节作用的化学物质和从生物中提取的天然植物激素，在农业生产上使用，有效调节作物的生长过程，达到稳产增产、改善品质、增强作物抗逆性等目的。植物生长调节剂是有机合成、微量分析、植物生理和生物化学以及现代农林园艺栽培等多种科学技术综合发展的产物。20世纪20—30年代，发现植物体内存在微量的天然植物激素如乙烯、3-吲哚乙酸和赤霉素等，具有控制生长发育的作用。到 20 世纪 40 年代，开始人工合成类似物的研究，陆续开发出 2，4-D、胺鲜酯（DA-6）、氯吡脲、复硝酚钠、α-萘乙酸、抑芽丹等，逐渐推广使用，形成农药的一个类别。30 多年来人工合成的植物生长调节剂越来越多，但由于应用技术比较复杂，其发展不如杀虫剂、杀菌剂、除草剂迅速，应用规模也较小。但从农业现代化的需要来看，植物生长调节剂有很大的发展潜力，在 80 年代已有加速发展的趋势。我国从 20 世纪 50 年代起开始生产和应用植物生长调节剂。

对目标植物而言，植物生长调节剂是外源的非营养性化学物质，通常可在植物体内传导至作用部位，以很低的浓度就能促进或抑制其生命过程的某些环节，使之向符合人类需要的方向发展。每种植物生长调节剂都有特定的用途，而且应用技术要求相当严格，只有在特定的施用条件（包括外界因素）下才能对目标植物产生特定的功效。往往改变浓度就

73

会得到相反的结果，例如在低浓度下有促进作用，而在高浓度下则变成抑制作用。

植物生长调节剂有很多用途，因品种和目标植物而不同。例如：控制萌芽和休眠；促进生根；促进细胞伸长及分裂；控制侧芽或分蘖；控制株型（矮壮防倒伏）；控制开花或雌雄性别，诱导无子果实；疏花疏果，控制落果；控制果的形或成熟期；增强抗逆性（抗病、抗旱、抗盐分、抗冻）；增强吸收肥料能力；增加糖分或改变酸度；改进香味和色泽；促进胶乳或树脂分泌；脱叶或催枯（便于机械采收）；保鲜等。某些植物生长调节剂高浓度使用就成为除草剂，而某些除草剂在低浓度下也有生长调节作用。

植物生长调节剂具有诸多特点：

（1）作用面广，应用领域多。可适用于几乎包含了种植业中的所有高等和低等植物，如大田作物、蔬菜、果树、花卉、林木、海带、紫菜、食用菌等，并通过调控植物的光合、呼吸、物质吸收与运转、信号传导、气孔开闭、渗透调节、蒸腾等生理过程的调节而控制植物的生长和发育，改善植物与环境的互作关系，增强作物的抗逆能力，提高作物的产量，改进农产品品质，使作物农艺性状表达按人们所需求的方向发展。

（2）用量小、速度快、效益高、残毒少，大部分作物一季只需按规定时间喷用一次。

（3）可对植物的外部性状与内部生理过程进行双调控。

（4）针对性强，专业性强。可解决一些其他手段难以解决的问题，如形成无籽果实、防治大风、控制株型、促进插条生根、果实成熟和着色、抑制腋芽生长、促进棉叶脱落。

（5）植物生长调节剂的使用效果受多种因素的影响，而难以达到最佳。气候条件、施药时间、用药量、施药方法、施药部位以及作物本身的吸收、运转、整合和代谢等都将影响到其作用效果。

2，4-D 即 2，4-二氯苯氧乙酸，是一种重要的除草剂。其合成机理为：

（1）首先由苯酚钠与氯乙酸反应合成防霉剂苯氧乙酸，也叫防落素，可减少农作物落花落果。

$$ClCH_2CO_2H \xrightarrow{Na_2CO_3} ClCH_2CO_2Na \xrightarrow[NaOH]{} OCH_2CO_2Na$$

（2）再由苯氧乙酸氯化即得到对氯苯氧乙酸和 2，4-D（2，4-二氯苯氧乙酸），该反应为重要的芳环亲电取代反应。

$$OCH_2CO_2Na + HCl + H_2O_2 \xrightarrow{FeCl_3} Cl\text{—}\text{—}OCH_2CO_2H$$

$$Cl\text{—}\text{—}OCH_2CO_2H + 2NaClO \xrightarrow{H^+} Cl\text{—}\text{—}OCH_2CO_2H$$

本实验采用的浓盐酸加过氧化氢和次氯酸钠在酸性介质中氯化，可避免直接使用氯气带来不便和危险，其具体生成氯化剂的反应过程为：

$$2HCl + H_2O_2 \longrightarrow Cl_2 + 2H_2O$$

$$HClO + H^+ \rightleftharpoons H_2\overset{+}{O}Cl$$

$$2HClO \longrightarrow Cl_2O + H_2O$$

其中，$H_2\overset{+}{O}Cl$、Cl_2O 皆为优良的氯化剂，氯气也是一种氯化剂。

三、仪器与试剂

主要仪器：磁力加热搅拌器、三颈烧瓶、锥形瓶、恒压滴液漏斗、回流冷凝管等。

主要试剂：氯乙酸（AR）、饱和碳酸钠溶液、苯酚（AR）、35%氢氧化钠溶液、浓盐酸、冰乙酸（AR）、34%双氧水、三氯化铁（AR）、5%次氯酸钠溶液、6 mol·L^{-1}盐酸溶液、乙醚（AR）、10%碳酸钠等。

四、试剂主要物理常数

试剂名称	分子量	熔点/℃	沸点/℃	密度/g·cm^{-3}	水溶解性
氯乙酸	94.49	61~63	188	1.58	溶于水
碳酸钠	105.99	851	1600	2.532	易溶于水
苯酚	94.11	40~42	181.9	1.071	微溶于水
氢氧化钠	40.00	318.4	1390	2.13	极易溶于水
浓盐酸	36.5	−35	5.8	1.179	溶于水
冰乙酸	60.05	16.7	118	1.049	易溶于水
双氧水	34.01	−0.43	158	1.13	易溶于水
三氯化铁	162.20	306		2.90	易溶于水
次氯酸钠	74.44	−6	102.2	1.10	易溶于水
乙醚	74.12	−116.3	34.6	0.7134	微溶于水
苯氧乙酸	152	97~99	285		溶于水
对氯苯氧乙酸	186.5	158~159			不溶于水
2，4-二氯苯氧乙酸	221.04	137~141		1.563	难溶于水

五、装置图

图 6.3 反应装置

六、实验步骤

1. 苯氧乙酸的制备

按照图 6.3 装上 100 mL 三颈烧瓶、回流冷凝管和恒压滴液漏斗，向瓶中加入 3.5 g（0.037 mol）氯乙酸和 5 mL 水，启动搅拌，慢慢滴加饱和碳酸钠溶液至 pH = 7~8（约需 7 mL 饱和碳酸钠溶液）。然后再加入 2.5 g（0.0266 mol）苯酚，搅匀，之后在搅拌下缓慢滴加 35% 氢氧化钠溶液至混合体系 pH = 12。加完后，在沸水浴中继续搅拌反应 15 min。反应完成后，移出水浴，趁热将三颈瓶中混合液倒入锥形瓶中，在搅拌下加入浓盐酸调节 pH = 3~4。自然冷却（必要时可冰水浴中冷却）结晶，待结晶完全，抽滤，并用少量冷水洗涤滤饼 2~3 次，再在 60~65 ℃ 下干燥即得苯氧乙酸粗品，该粗产物可直接用于对氯苯氧乙酸的制备。

2. 对氯苯氧乙酸的制备

按照图 6.3 装好 100 mL 三颈烧瓶、回流冷凝管和恒压滴液漏斗，并加入 3 g 上一步制备的苯氧乙酸和 10 mL 冰乙酸，水浴加热并搅拌。当水浴温度达到 55 ℃ 时，加入少量三氯化铁（约 20 mg）和 10 mL 浓盐酸。当水浴温度升到 60~70 ℃ 时，在 10 min 内慢慢滴加 3 mL 过氧化氢（30% 左右），滴加完毕后保持此温度继续搅拌反应 20 min。升高水浴温度，使瓶内固体全溶。然后迅速趁热转移至锥形瓶中，慢慢冷却结晶。待结晶完全，抽滤，并用少量冷水洗涤滤饼 2~3 次。粗产品可用 1∶3 的乙醇-水重结晶，然后烘箱中烘干即得产品对氯苯氧乙酸。

3. 2,4-二氯苯氧乙酸的制备

在 100 mL 锥形瓶中加入 1 g 干燥的上一步制备的对氯苯氧乙酸和 12 mL 冰乙酸，搅拌使固体溶解。然后将锥形瓶置于冰水浴中冷却，在搅拌下分批加入 19 mL 5% 次氯酸钠溶液。待次氯酸钠溶液加完后，将锥形瓶从冰水浴中取出，待温度恢复到室温后继续保持 5 min，此时溶液颜色会变深。向锥形瓶中加入 50 mL 蒸馏水，搅匀后用 6 mol·L^{-1}的盐酸调节 pH 值至刚果红试纸变蓝（pH<3 时变蓝）。然后每次用 25 mL 乙醚萃取反应物两次，合并醚萃取液（有机层），在分液漏斗中先用 15 mL 水洗涤，保留有机层，再用 15 mL 10%碳酸钠溶液洗涤有机层至显碱性（如果不够，可再补充碳酸钠溶液，要注意二氧化碳的溢出）。保留水相的碱性萃取液，转移至烧杯中并加入 25 mL 水，然后用浓盐酸酸化至刚果红试纸变蓝（即调节 pH 值至 3 以下）。冷却结晶，待结晶完全，抽滤并用少量冷水洗涤滤饼 2~3 次，烘干即得 2，4-二氯苯氧乙酸粗产品。可用四氯化碳重结晶。

七、注意事项

（1）添加饱和碳酸钠溶液是使其与氯乙酸反应生成盐，防止氯乙酸水解，加碱速度要缓慢。

（2）制备对氯苯氧乙酸，开始滴加盐酸时，可能有沉淀产生，不断搅拌后又会溶解；盐酸是过量的，但不能过量太多，否则会生成烊盐而溶于水，若未见沉淀出现，可再补加 2~3 mL 浓盐酸。

（3）在制备 2，4-二氯苯氧乙酸时，次氯酸钠过量会使产品产量降低，应注意用量。

（4）在第三步制备 2，4-二氯苯氧乙酸的过程中使用 10%碳酸钠溶液萃取产物时，要小心二氧化碳大量释放造成的影响。

（5）每个步骤都要注意 pH 值的变化。

（6）反应过程中要注意通风，以便及时排除有害气体，避免伤害。

八、思考题

（1）说明实验各步反应调节 pH 值的目的和意义。

（2）以苯氧乙酸为原料，如何制备对溴苯氧乙酸呢？能用本实验方法制备对碘苯氧乙酸吗？为什么？

第七章　涂　　料

所谓涂料（coating materials）是指涂覆在被保护或被装饰的物体表面，并能与被涂物形成牢固附着的连续薄膜，从而起保护、装饰或其他特殊功能（绝缘、防锈、防霉、耐热等）的一类液体或固体材料，通常以树脂、油或乳液为主。

涂料工业属于近代工业，但涂料本身却有着悠久的历史。中国是世界上使用天然树脂作为成膜物质的涂料——大漆最早的国家之一。春秋时代（公元前770—前476年），中国人就已经掌握了熬炼桐油制作涂料的技术。战国时代（公元前475年—前221年），中国开始使用桐油和大漆制成的复配涂料。长沙马王堆汉墓出土的漆棺和漆器表明：中国在公元2世纪左右的汉初，大漆的使用技术已经相当成熟，该技术后来随着贸易等途径传入日本、朝鲜及东南亚各国。到了明代，中国的漆器技术达到顶峰，明隆庆年间黄成所著《髹饰录》系统总结了大漆的使用经验。17世纪，中国的漆器技术和印度的虫胶（紫胶）涂料逐渐传入欧洲。

公元前的古巴比伦人也已经开始使用沥青作为船的防腐涂料。古希腊人已经掌握了蜂蜡涂饰技术。公元初年，埃及人开始使用阿拉伯树胶制作涂料。

随着科学技术的进步，涂料也快速发展。18世纪，涂料工业开始形成，亚麻仁熟油得到大量生产和应用，清漆和色漆迅速发展。1773年，英国韦廷公司搜集并出版了很多用天然树脂和干性油炼制清漆的工艺配方。1790年，英国建立第一家涂料工厂。此后的19世纪，世界各国相继建厂，使涂料生产从手工作坊状态走向工业化。法国在1820年、德国在1830年、奥地利在1843年、日本在1881年都先后建立了涂料工厂。19世纪中期，为了直接配制适合施工需求的涂料，即调和漆，涂料工厂完全掌握了涂料配制和生产技术，推动了涂料加工生产规模的大幅扩大。"一战"期间，中国开始有涂料工业，1915年建立的上海开林颜料油漆厂是中国第一家涂料工厂。

19世纪中期，合成树脂出现后，开始作为涂料成膜物质使用，世界进入合成树脂涂料时代。1855年，英国人帕克斯取得了使用硝化纤维制造涂料的专利，并建立了第一家生产合成树脂涂料的工厂。1909年，美国化学家贝克兰研制成功醇溶性酚醛树脂，德国人阿尔贝特也在此后研制出松香改性的油溶性酚醛树脂。

"一战"后，为了适应汽车工业发展的需要，并销售战时过剩的硝化纤维，乙酸丁酯、乙酸乙酯等良好溶剂对其良好的溶解性能被发现，并开发出了空气喷涂施工方法。1925年，硝化纤维涂料生产达到高潮，酚醛树脂涂料也开始广泛应用于木器家具行业。1927年，美国通用电气公司的基恩尔发明了用干性油脂肪酸制备酚醛树脂的工艺，酚醛树脂迅速发展成主流涂料品种。20 世纪 30 年代中期开始，德国开始把以聚乙烯醇作为保护胶的聚乙酸乙烯酯乳液作为涂料使用。1940 年，三聚氰胺-甲醛树脂（氨基树脂）开始被用来与醇酸树脂配合制造氨基-醇酸烘漆，扩大了酚醛树脂涂料的应用范围，使其发展成装饰性涂料的主要品种，在工业涂装中获得广泛应用。

"二战"后，合成树脂涂料获得了快速的发展。英、美、荷的壳牌公司和瑞士汽巴公司在 20 世纪 40 年代后期开始生产环氧树脂，为发展新型防腐涂料和工业底漆提供了新原料，促进了合成树脂涂料的发展。20 世纪 50 年代初，聚氨酯涂料在德国拜耳公司投入工业化生产。1950 年，美国杜邦公司开发了丙烯酸树脂涂料，在轻工、汽车、建筑等领域获得了较广泛的应用。

"二战"后，美国开始利用丁苯橡胶制备水乳胶涂料。20 世纪 50—60 年代，又开发出了聚乙酸乙烯酯胶乳涂料和聚丙烯酸酯胶乳涂料，成为重要的建筑涂料。1952 年，德国的克纳萨克·格里赛恩研制出了乙烯类树脂热塑粉末涂料，壳牌公司也开发了环氧粉末涂料。1961 年，美国福特公司研制出了电沉积涂料，并实现了工业化生产。1968 年，德国拜耳公司首先在市场上出售光固化木器漆、乳胶涂料、水溶性涂料、粉末涂料和光固化涂料，大幅降低了涂料产品中的有机溶剂用量，开辟了低污染涂料的新领域。

20 世纪 50—60 年代，随着电子技术和航天技术的发展，以有机硅树脂为主的元素有机树脂涂料发展迅速，成为重要的耐高温涂料。此时期，杂环树脂涂料、无机高分子涂料、橡胶类涂料、聚酯涂料、乙烯基树脂涂料等也实现了工业化生产。

20 世纪 70 年代，由于环境保护法的制定和人们环境保护意识的加强，各国限制了有机溶剂及有害物质的排放，从而使油漆的使用受到种种限制，再加上石油危机，涂料品种开始朝着高质量、高效能、专用型和功能型方向发展，涂料工业开始向节约资源、能源、减少污染等方向发展，高固体分涂料、水性涂料、粉末涂料和辐射固化涂料等，特别是乳胶漆，越来越引起人们的重视。20 世纪 90 年代，涂料工业也开始向"绿色化"方向发展，比如工业涂料。1992 年，北美和欧洲常规型溶剂涂料占 49%，到 2000 年已经降为 26%，而水性涂料、粉末涂料、光固化涂料和高固体分涂料则从 1992 年的 51% 增加到 2002 年的 74%。

今后，涂料工业将向水性化、粉末化、高固体分化和光固化四个方向发展。水性化即发展水溶性涂料，水溶性乳胶涂料占优势；粉末化即发展无溶剂、100%转化成膜、具有保护和装饰综合性能的粉末涂料；高固体分化即发展能在增加涂料成膜物质含量的同时成膜黏度增加不多而满足施工要求的涂料；光固化涂料是一类具备不用溶剂、节约能源等性质的涂料。

目前涂料品种众多，也存在不同的分类方法。按产品的形态，可分为：液态涂料、粉末型涂料、高固体分涂料。按涂料使用分散介质可分为：溶剂型涂料和水性涂料（乳液型涂料、水溶性涂料）。按在建筑物上的使用部位可分为：内墙涂料、外墙涂料、地面涂料、门窗涂料和顶棚涂料。按成膜物质可分为：天然树脂类漆、酚醛类漆、醇酸类漆、氨基类漆、硝基类漆、环氧类漆、氯化橡胶类漆、丙烯酸类漆、聚氨酯类漆、有机硅树脂类漆、氟碳树脂类漆、聚硅氧烷类漆、乙烯树脂类漆等。

按基料的种类可分为：有机涂料、无机涂料、有机-无机复合涂料。有机涂料由于其使用的溶剂不同，又分为有机溶剂型涂料和有机水性（包括水乳型和水溶型）涂料两类，生活中常见的涂料一般都是有机涂料。无机涂料指的是用无机高分子材料为基料所生产的涂料，包括水溶性硅酸盐系、硅溶胶系、有机硅及无机聚合物系。本章就简单介绍几种涂料的制备方法。

实验一　醋酸乙烯酯乳胶漆的制备

一、实验目的

（1）学习乳胶型涂料的特点、分类及组成。

（2）学习醋酸乙烯酯乳胶漆的制备方法和注意事项。

二、实验原理

树脂以微细粒子团（粒径 $0.1\sim2.0~\mu m$）分散于水中形成的乳液称为乳胶，乳胶型涂料就是在乳胶中添加颜料和适当的助剂制成的。

乳胶型涂料的特点有：

（1）以水为分散介质，安全低污染，一般仅含5%以下的助溶剂，且是低毒性的。

（2）施工方便，刷涂、滚涂、喷涂均可，施工完后工具清洗方便。

（3）乳胶涂料透气性好，能在湿底材表面施工，也非常适合于湿热环境下的施工。

（4）金属乳胶涂料用水稀释，无火灾危险性，非常适合于造船工业涂漆和焊接的交叉作业。

（5）涂料干燥快，允许在 $0.5\sim2~h$ 内重涂，大大缩短施工周期。

（6）乳胶涂料在施工黏度下的固体分高，一次涂覆涂膜厚，提高了施工效率。

（7）乳液分散体系的树脂相对分子质量高，涂抹耐候性好，并有很好的力学性能、耐碱性和耐水性。作建筑涂料，有较好的光泽和装饰性；作金属乳胶涂料，有一般防护性能。

乳胶分为分散乳胶和聚合乳胶两类。分散乳胶指在乳化剂存在下靠强力机械搅拌使树脂分散于水中而制成的乳液。聚合乳胶是由乙烯基单体通过乳液聚合工艺制成，主要有醋酸乙烯乳胶、丙烯酸酯乳胶、丁苯乳胶及醋酸乙烯与其他单体共聚的乳胶等。

乳液聚合就是在机械搅拌下，通过乳化剂使单体在水中分散成乳液而进行的聚合反应。通常乳化剂为阴离子型及非离子型表面活性剂，比如十二烷基硫酸钠、烷基苯磺酸钠、乳化剂 OP 等。乳液聚合的引发剂一般为水溶性物质，比如过硫酸盐。该类引发剂易受 pH 值影响，pH 值过低时会导致聚合速度过慢，因此反应时应控制好 pH 值，使反应平稳，形成稳定的乳液体系。

除了乳化剂、引发剂外，其他的助剂还有颜料、分散剂、增稠剂、防霉剂、增塑剂、消泡剂、除锈剂等。颜料的主要作用是赋予乳液型涂料各种所需要的颜色，增加美观度。分散剂主要是吸附在颜料粒子表面，使水能充分润湿颜料粒子并向其内部孔隙渗透，使颜料能均匀分散于乳胶和水中，并使分散后的颜料颗粒不会重新聚集和絮凝，所以又称为润湿剂。增稠剂的作用是增加涂料黏度，保护胶体，阻止颜料沉降、聚集。防霉剂主要是防止增稠剂加入后使涂料长霉。增塑剂可使乳胶树脂具有较易成膜的性质，使固化后的漆膜具有较好的柔顺性。成膜助剂是一种具有适当挥发性的增塑剂，在水中和树脂中均有一定溶解度，既可增加树脂的流动性，又可降低水的挥发速度，有利于树脂成膜。消泡剂的作用就是避免涂料使用时出现泡沫。除锈剂的主要作用是防止粉刷铁罐表面时生锈和防止粉刷钢铁表面时产生的锈斑等浮锈现象。

本实验合成的醋酸乙烯乳胶漆主要用于建筑物内表面装饰，价廉，使用方便，耐水性好。制备醋酸乙烯乳液时，引发剂为过硫酸铵（一般为单体的 0.5%），乳化剂为 OP-10 和聚乙烯醇。此外，分散剂为六偏磷酸钠，羧甲基纤维素为增稠剂，消泡剂为正辛醇，醋酸苯汞为防霉剂，聚甲基丙烯酸钠既是分散剂又是增稠剂，邻苯二甲酸二丁酯为增塑剂，钛白粉为颜料，亚硝酸钠为除锈剂。

三、仪器与试剂

主要仪器：磁力加热搅拌器、三颈烧瓶、恒压滴液漏斗、温度计、回流冷凝管、烧杯等。

主要试剂：醋酸乙烯酯（AR）、乳化剂 OP-10、聚乙烯醇、正辛醇（AR）、过硫酸铵（AR）、5%碳酸氢钠溶液、邻苯二甲酸二丁酯（AR）、羧甲基纤维素、聚甲基丙烯酸钠、六偏磷酸钠（AR）、亚硝酸钠（AR）、醋酸苯汞（AR）、滑石粉、钛白粉等。

四、试剂主要物理常数

试剂名称	分子量	熔点/℃	沸点/℃	密度/g·cm⁻³	水溶解性
醋酸乙烯酯	86.09	-93	71.8	0.93	微溶于水
聚乙烯醇		230~240		1.27~1.31	溶于水
正辛醇	130.23	-16	196	0.83	溶于水
乳化剂 OP-10					易溶于水
邻苯二甲酸二丁酯	278.35	-35	340	1.045~1.050	微溶于水
过硫酸铵	228.2	120		1.982	易溶于水
碳酸氢钠	84.01	270		2.159	可溶于水
羧甲基纤维素	240.21				可溶于水
六偏磷酸钠	611.17	616		2.5	易溶于水
亚硝酸钠	69.00	270		2.2	易溶于水
醋酸苯汞	336.75	149		2.4	不溶于水
聚甲基丙烯酸钠					低含量时为透明稠状液体

五、装置图

图 7.1　反应装置

六、实验步骤

1. 聚醋酸乙烯酯乳液的制备

在三颈瓶中加入 36 mL 去离子水，按照装置图 7.1 装上回流冷凝管、温度计和恒压滴液漏斗，并启动搅拌，在 25 ℃冷水浴中慢慢将 2.0 g 聚乙烯醇加入三颈瓶中，加完后继续搅拌至少 15 min，然后逐渐水浴升温至 85 ℃左右，并在此温度下继续搅拌至聚乙烯醇完全溶解。降温到 60 ℃ 以下，然后在搅拌下加入 0.4 g 乳化剂 OP-10、0.1 mL 正辛醇和 5 g 醋酸乙烯酯，待搅拌至充分乳化后，加入 3 滴由 0.05 g 过硫酸铵和 1 mL 去离子水新鲜配制的溶液，加完后升温至瓶内温度达到 65 ℃，撤去热源，让反应混合物自行升温回流，当回流速度减慢，且温度达到 80~83 ℃ 时，在 6~8 h 内缓慢滴加 31 g 醋酸乙烯酯，每隔 1 h 补加 1 滴过硫酸铵溶液。反应过程中应控制反应温度在 80±2 ℃ 范围内，必要时可放慢单体滴加速度，并且要在较快速度下持续搅拌。单体加完后，一次性把剩余引发剂过硫酸铵溶液加入，在搅拌下让瓶内温度自行上升到 95 ℃ 左右，并在此温度下继续搅拌 0.5 h。然后缓慢冷却至 50 ℃ 左右，加入 2 mL 5% 碳酸氢钠溶液，加完并搅拌均匀后，加入 4 g 邻苯二甲酸二丁酯并搅拌 1 h 以上。冷却后得到的白色乳液即聚醋酸乙烯酯乳液。

2. 醋酸乙烯酯乳胶漆的制备

在烧杯中加入 43 mL 去离子水、0.18 g 羧甲基纤维素和 0.8 g 聚甲基丙烯酸钠，室温下搅拌至全溶。然后加入 0.28 g 六偏磷酸钠、0.55 g 亚硝酸钠和 0.18 g 醋酸苯汞，搅拌溶解。

在强力搅拌下逐渐撒入 15 g 滑石粉和 48 g 钛白粉，加完后继续强力搅拌至固体达最大限度分散。然后再加入上一步制备的聚醋酸乙烯酯乳液，充分搅拌调配均匀，再加入氨水调节 pH 值至 8 左右，得到的白色物质即醋酸乙烯酯乳胶漆。

七、注意事项

（1）应选用平均聚合度 1700 左右，醇解度 88% 左右的聚乙烯醇，该纯度对产物乳化性能较好，制成的乳胶防冻性能优良。

（2）聚乙烯醇溶解时应注意搅拌速度要适当，且必须逐步加入聚乙烯醇到冷水中，并搅拌分散后再升温继续溶解，一般溶解需要 2 h，如果搅拌不好，溶解方式不合理，聚乙烯醇易结块造成溶解困难，必要时可使用机械搅拌代替磁力搅拌来保证搅拌效果。配制醋酸乙烯酯乳胶漆时最好也使用机械搅拌。

（3）引发剂用量不应过大，一般为单体的 0.5%~1.5%，应该预先配制好，置于冰水中冷却保存，但不应保存过久，应在聚乙烯醇溶解后，首次加入的单体乳化后加入。

（4）引发剂一次不能加入太多，否则聚合速度太快，放出的热来不及散发，进一步加快反应速度，导致爆聚（爆聚时可能使原料冲出，甚至爆炸），因此引发剂和单体都应逐步加入以保证反应平稳。

（5）为了制得聚合度适当的产物，使反应平稳进行，可根据温度和回流情况调节加料速度，不宜通过加热或冷却来调温，引发剂加入时会使温度上升，单体加入时会增大聚合度。

（6）在单体加完后，加入残留引发剂后，单体会逐步减少，醋酸乙烯酯易水解变成醋酸和乙醛，使反应体系 pH 值降低，影响乳胶稳定性，加入碳酸氢钠中和，可抑制其对乳胶稳定性的破坏。

（7）加入增塑剂邻苯二甲酸二丁酯时，必须让其渗透到树脂离子团内部并被牢固吸收，搅拌必须充分，时间必须足够。

八、思考题

（1）溶解聚乙烯醇时应注意什么？
（2）引发剂应在什么时候加入？添加引发剂时有什么要注意的？为什么？
（3）单体的加入速度对聚合反应有何影响？如何控制加料速度？
（4）加入碳酸氢钠溶液的目的是什么？
（5）为什么增塑剂加入后还要继续搅拌 1 h 以上？

实验二　聚丙烯-水玻璃内墙涂料的制备

一、实验目的

（1）熟悉水溶性涂料的性质及成膜特点。
（2）学习聚丙烯-水玻璃内墙涂料的制备方法和注意事项。

二、实验原理

水溶性涂料是以水溶性树脂为主要成膜物质，水为稀释剂，加入适量的颜料、填料及辅助材料等，经研磨而成的一种涂料。

水溶性涂料价格低廉，且有一定的装饰性和保护性，生产工艺简单，原材料易得。水溶性涂料的成膜固化机理与一般溶剂型涂料相同，但其成膜过程却另有特点：

（1）水溶性树脂由于需水溶，其分子量都不会太大，否则水溶困难，因此，作为一种高分子材料使用多半是制成热固型的。在涂膜加热固化过程中，通过树脂系统中的活性基团或外加交联剂的活性基团之间的交联反应形成不溶不融的网状结构，从而提供优良的漆膜性能。当然也有些自干型的水溶性涂料，主要是在催干剂的存在下通过氧化交联成膜固化的。

（2）为了增加水溶性树脂的水溶性，多半水溶性树脂都是以羧酸盐或胺盐的形式存在，含有一定量亲水性能很强的基团。因而在成膜固化过程中，首先是氨或胺的挥发。当然在加热过程中，也有可能形成胺的衍生物。也有使用氨/锆络合物作羧酸型高聚物的交联剂，当树脂里的水和氨在常温下挥发后，酸性高聚物与锆离子可通过离子键进行交联成膜，常温下可以干燥。当聚合物分子链存在大量氢键时，消除氢键降低内聚力（比如纤维素甲基化），也可增加树脂水溶性。

（3）水溶性涂料除采用刷、喷、辊、浸等一般涂装外，更重要的是用于电沉积涂装。当然作为电沉积涂装的涂料，在制造上另有要求。在电沉积涂漆过程中，带双键的分子一部分吸收了水电解产生的氧，因而使干燥成膜速度加快。

水溶性涂料在漆膜形成之前成膜物质自然是溶于水的，一旦成膜后又必须不溶于水。因此，在成膜过程中必须有成分或结构的变化，这种变化的实质是使亲水性官能团消失或大大降低其极性，两者必具其一，这个过程称为交联固化。

聚乙烯醇水玻璃涂料是一种在国内普通建筑中广泛使用的内墙涂料，其商品名为"106"，其品种有白色、奶白色、湖蓝色、果绿色、蛋青色、天蓝色等，适用于住宅、商店、医院、学校等建筑物的内墙装饰。它是以聚乙烯醇树脂的水溶液和水玻璃为胶黏剂，加入一定数量的表面活性剂、填充料和其他助剂，经搅拌、研磨而成的水溶性涂料。聚乙烯醇为白色至奶黄色粉末，是本涂料的主要成分，起成膜的作用，本实验使用的聚乙烯醇醇解度要求在98%左右，聚合度大约1700。水玻璃即硅酸钠，为无色或青绿色固体，本实验使用的为模数（模数即成品中 Na_2O/SiO_2 比例）3 的，也是起成膜作用，膜的硬度和光泽度较好。表面活性剂主要是使聚乙烯醇和水玻璃及其他成分均匀分散在水中成为乳液，可用乳化剂 BL、乳化剂 OP-10 等。填料主要是石粉和各种无机盐，在涂料中起"骨架作用"，使涂膜更厚、更坚实，有良好的遮盖力，常用的有钛白粉、立德粉、滑石粉、轻质碳酸钙等。其他还有颜料、防霉剂、防湿剂、渗透剂等。

三、仪器与试剂

主要仪器：磁力加热搅拌器、三颈烧瓶、恒压滴液漏斗、温度计、回流冷凝管、烧杯等。

主要试剂：聚乙烯醇、水玻璃（模数=3）、乳化剂 BL、钛白粉（约 300 目）、立德粉（约 300 目）、滑石粉（约 300 目）、轻质碳酸钙（约 300 目）、铬黄或铬绿等。

四、试剂主要物理常数

试剂名称	分子量	熔点/℃	沸点/℃	密度/g·cm⁻³	水溶解性
聚乙烯醇		230~240		1.27~1.31	溶于水
乳化剂 BL					易溶于水
水玻璃	284.2	1089	2355	2.614	易溶于水

续表

试剂名称	分子量	熔点/℃	沸点/℃	密度/g·cm⁻³	水溶解性
滑石粉					不溶于水
立德粉				4.136~4.34	不溶于水
钛白粉	1850				不溶于水
轻质碳酸钙	100.09	1339		2.71	不溶于水
铬绿（三氧化二铬）	151.87	2266±25	4000	5.21	不溶于水
铬黄（铬酸铅）	323.18	844		6.12	不溶于水

五、装置图

图7.2 反应装置

六、实验步骤

按照图7.2装好250 mL三颈烧瓶、回流冷凝管、恒压滴液漏斗及温度计，向其中加入128 mL水，然后在25 ℃冷水浴中，并在搅拌下慢慢地分散加入7 g聚乙烯醇，加完后继续搅拌15 min。然后水浴加热逐步升温至90 ℃，继续在此温度下搅拌至完全溶解成透明的溶液。然后冷却至50 ℃，慢慢加入0.5~1.0 g的乳化剂BL，加完后继续在此温度下搅拌0.5 h。然后继续冷却至30 ℃，慢慢滴加10 g水玻璃，滴加完毕后升温至40 ℃，继续搅拌0.5~1.0 h（如果搅拌速度较快，可缩短时间），形成乳白色的胶体溶液即停止加热。

搅拌下慢慢加入5 g钛白粉、8 g立德粉、8 g滑石粉、32 g轻质碳酸钙和适量的铬黄或铬绿颜料，充分搅拌均匀即得成品。

本实验制得的内墙涂料涂装前，墙面要清扫干净，若有旧涂层，最好先将其清除；如果有孔洞和粗糙表面可用本涂料加滑石粉做成腻子埋补好。久置的涂料使用前要先摇匀，但不可加水稀释，以免脱粉。

七、注意事项

（1）本实验使用的聚乙烯醇醇解度要求在98%左右，聚合度1700左右。

（2）聚乙烯醇溶解时应注意搅拌速度要适当，且必须在逐步加入聚乙烯醇到冷水中，并搅拌分散后，再升温继续溶解，一般溶解需要2 h。如果搅拌不好，溶解方式不合理，聚乙烯醇易结块造成溶解困难，必要时可使用机械搅拌代替磁力搅拌来保证搅拌效果。

（3）乳化剂应在聚乙烯醇溶解完全并冷却到一定程度后再慢慢加入。

（4）水玻璃需在乳化剂加入后温度进一步下降后再加入，加完后略微升温，并需搅拌到成白色胶体乳液状。

（5）钛白粉、立德粉、滑石粉、轻质碳酸钙和适量的铬黄或铬绿颜料要先后慢慢加入，每加完一种需混合均匀后再加入下一种。

（6）加入钛白粉、立德粉、滑石粉、轻质碳酸钙和适量的铬黄或铬绿颜料等时要充分搅拌，搅拌机效率越高，产品质量越好，必要时可加入适量防霉剂、防湿剂、渗透剂等。必要时可使用机械搅拌。

（7）使用时墙面需清扫干净，久置不用的涂料使用前要先摇匀，但不可加水稀释。

八、思考题

（1）请简单说明一下各组分的作用。
（2）溶解聚乙烯醇时应注意什么？

实验三　聚乙烯醇缩甲醛外墙涂料的制备

一、实验目的

（1）学习聚乙烯醇缩甲醛的结构、性质及合成机理。
（2）熟悉聚乙烯醇缩甲醛外墙涂料的制备方法和注意事项。

二、实验原理

聚乙烯醇缩甲醛是聚乙烯醇与甲醛作用而成的高分子化合物，由聚乙烯醇与甲醛在酸性催化剂存在下缩醛化而得，或者是将聚醋酸乙烯酯溶于醋酸或醇中，在酸性催化剂作用下与甲醛进行水解和缩醛化反应制得。聚乙烯醇缩甲醛，是一种微带草黄色的固体，有热塑性，密度 $1.2\ g\cdot cm^{-3}$，软化点约 190℃，热变形温度 65~75 ℃，吸水率约 1%，溶于丙酮、氯化烃、乙酸、酚类，主要用于制造耐磨耗的高强度漆包线涂料和金属、木材、橡胶、玻璃层压塑料之间的胶黏剂，作为层压塑料的中间层以及制造冲击强度高、压缩弹性模量大的泡沫塑料。

本实验是以聚合度约 1700 的聚乙烯醇为主要原料，在盐酸催化下与甲醛反应生成聚乙烯醇缩甲醛，也称 107 胶。107 胶是一种无色或微黄的黏稠液体，具有不起燃、价格较低、使用方便等特点，可单独使用，作为书刊装订胶、胶水用；也可用于建筑工程，作为建筑胶黏剂及各种内外墙涂料、地面涂料的基料。

其主要反应式为：

$$\text{\small ~~~CH}_2-\text{CH}-\text{CH}_2-\text{CH}~~~ + \text{HCHO} \xrightarrow{\ \text{HCl}\ } \text{~~~CH}_2-\text{CH}-\text{CH}_2-\text{CH}~~~$$

（半缩醛：OCH₂OH、OH）

（分子内缩醛）

＋

（分子间（或链段间）缩醛）

分子中除参加缩聚反应的小部分羟基外，还存在大量的自由羟基，且部分羟基缩醛化破坏了聚乙烯醇的规整结构，使产物 107 胶仍具有一定的水溶性。

用此法制备的 107 胶为主体，加入填料、颜料、消泡剂及防沉淀剂等，经充分混合和研磨分散即称为聚乙烯醇缩甲醛外墙涂料。该涂料对墙面有较强的黏附力，遮盖力强，硬度高，耐光性和耐水性良好，成本低廉，且适当改变配方和填料等的用量，也可制成聚乙烯醇缩甲醛内墙涂料。

本实验的反应单体为甲醛和聚乙烯醇，浓盐酸为酸性催化剂，主要保证反应的酸性环境。氢氧化钠主要起终止缩聚反应，避免过分交联缩聚的作用。钛白粉、立德粉、滑石粉、轻质碳酸钙等在涂料中起"骨架作用"，使涂膜更厚、更坚实，有良好的遮盖力。此外还可根据需要加入颜料、防沉淀剂、消泡剂、防霉剂、防紫外线剂等。

三、仪器与试剂

主要仪器：磁力加热搅拌器、三颈烧瓶、恒压滴液漏斗、温度计、回流冷凝管、烧杯等。

主要试剂：聚乙烯醇、甲醛（36%）、浓盐酸（34%~36%）、30%氢氧化钠溶液、钛白粉（约300目）、立德粉（约300目）、滑石粉（约300目）、轻质碳酸钙（约300目）等。

四、试剂主要物理常数

试剂名称	分子量	熔点/℃	沸点/℃	密度/g·cm⁻³	水溶解性
聚乙烯醇		230~240		1.27~1.31	溶于水
甲醛	30.03	−92	−19.5	1.067	易溶于水
氢氧化钠	40.0	318.4	1390	2.130	极易溶于水
浓盐酸	36.5	−35	5.8	1.179	易溶于水
滑石粉					不溶于水
立德粉				4.136~4.34	不溶于水
钛白粉	1850				不溶于水
轻质碳酸钙	100.09	1339		2.71	不溶于水

五、装置图

图7.3 反应装置

六、实验步骤

向三颈瓶中加入100 mL水，按照图7.3装上回流冷凝管、恒压滴液漏斗、温度计等，启动搅拌，并在搅拌下慢慢加入7.5 g聚乙烯醇，加完后继续搅拌至少15 min，直至充分分散，然后慢慢水浴升温至80~90 ℃，继续搅拌至完全溶解。待完全溶解后，加入浓盐酸调节pH值至2左右。保温90 ℃左右，在搅拌下，在10 min左右时间内慢慢滴加2.5 g 36%的甲醛溶液，加完后继续搅拌5~10 min。然后降温至60 ℃，慢慢滴加30%的氢氧化钠溶液，调节体系pH值至7.0~7.5。然后撤去热源，继续搅拌片刻至常温下溶液黏度

30 Pa·s左右。

将制备的胶液转入烧杯中,依次加入 5 g 钛白粉、4 g 立德粉、5 g 滑石粉和 25 g 轻质碳酸钙及适量颜料和其他填料,搅拌均匀,必要时可加入少量水调节黏度,即得产品聚乙烯醇缩甲醛外墙涂料。

该产品涂在墙体表面后,待水分挥发,聚乙烯醇缩甲醛分子中羟基间的氢键作用及羟基与其他填料极性基团间的作用力使其能与填料、颜料及其他成分牢固黏附在墙面上,起保护和装饰作用。该涂料对墙面有较强的黏附力、遮盖力,硬度较高,耐光性、耐水性良好,成本较低。

七、注意事项

(1)本实验使用的聚乙烯醇醇解度要求在 98% 左右,聚合度 1700 左右。

(2)聚乙烯醇溶解时应注意搅拌速度要适当,且必须在逐步加入聚乙烯醇到冷水中,并搅拌分散后再升温继续溶解,如果搅拌不好,溶解方式不合理,聚乙烯醇易结块造成溶解困难。

(3)必须在用盐酸将溶液 pH 值调至 2 左右的酸性,且温度 90 ℃ 左右时再加入甲醛,加入甲醛时需慢慢滴加,滴加速度不能太快,避免缩聚反应过于剧烈,影响产品质量。

(4)滴加甲醛完成后需要及时降温并加入氢氧化钠溶液中和,以免过多的羟基参与反应,过度交联,导致产品水溶性下降,黏度过大,不利于使用。

(5)缩聚完成氢氧化钠溶液调好 pH 值后,还应继续搅拌片刻使混合均匀,但不能过久以免黏度过大。

(6)钛白粉、立德粉、滑石粉和轻质碳酸钙要先后慢慢加入,每加完一种需混合均匀后再加入下一种,必要时可使用机械搅拌代替磁力搅拌来保证搅拌效果。

(7)加入钛白粉、立德粉、滑石粉、轻质碳酸钙和适量的铬黄或铬绿颜料等时要充分搅拌,搅拌机效率越高,产品质量越好,必要时可加入适量防霉剂、防湿剂、渗透剂等。

(8)涂料使用时墙面需清扫干净,久置不用的涂料使用前要先摇匀,但不可加水稀释。

八、思考题

(1)请简单说明一下各组分的作用。

(2)每一次改变 pH 值的目的分别是什么?

第八章　胶　黏　剂

胶黏剂（adhesive）是指能将同种或两种或两种以上同质或异质的制件（或材料）连接在一起，固化后具有足够强度的有机或无机的、天然或合成的一类物质，也称为黏接剂、黏合剂。

人们使用胶黏剂具有十分悠久的历史。数千年前人类就注意到自然界的黏接现象，例如甲壳动物牢固地黏于岩石上等。自然界存在的黏接现象启发人们利用黏接物体的方法。最早进入人们视线的就是黏土。远在 5000 多年前，人类在生产劳动中就知道用水和黏土调和起来，把石头和固体黏合成为生活工具。古埃及以白土、骨胶和颜料混合物作棺木密封剂。这些天然胶黏剂沿用了几千年，由于其本身的胶接强度不高，其他性能（如耐水、耐温、耐老化、耐介质等）也较差，因此，在使用上有很大的局限性。

人们也开始寻求其他的具有胶结性能的天然物质。在生产生活实践中，人们发现用动物皮、动物角熬制而成的胶具有胶接性能，同时人们也发现某些植物具有天然黏性，例如橡胶、树胶，因此有些植物也被用来熬制胶。从出土文物和考古发掘可看出，4000 多年前人们就利用生漆做胶黏剂和涂料制成器具。在 3000 年前的周朝，已使用动物胶作为木船的嵌缝封胶。2000 年前，用石灰和糯米浆黏合万里长城的基石，使万里长城至今屹立在世界东方，成为中华民族古老文明的象征。

这些早期的胶黏剂是以天然物为原料的，而且大多是水溶性的。随着 20 世纪大工业的发展，天然胶黏剂无论是产量还是性能越来越不能满足需求，因而促使了合成胶黏剂的产生和不断发展。1909 年，美国人 Baekeland 发明了工业酚醛树脂。1912 年，出现了用酚醛胶黏剂黏接的胶合板，大大降低了生产成本，而且提高了胶合板的耐久性和黏接强度。酚醛树脂胶黏剂的出现使胶黏剂和胶接技术进入了一个新的发展时期。到 20 世纪 30 年代，由于高分子材料的出现，为满足现代工业特别是航空工业发展的需要，出现了以合成高分子材料为主要成分的新型胶黏剂。

第二次世界大战期间，由于军事工业的需要，胶黏剂也有了相应的变化和发展，尤其在飞机的结构件上应用了胶黏剂，出现"结构胶黏剂"这一新的名称。1941 年，英国公司发明了酚醛-聚乙烯醇缩醛树脂混合型结构胶黏剂，牌号为"Redux"，并于 1944 年 7 月用于战斗机的黏接，获得成功。"彗星"飞机坠落事件的调查使得胶黏剂的信誉大增，在结构件上的应用更加广泛。

20世纪50年代开始出现环氧树脂胶黏剂。与其他胶黏剂相比，环氧树脂胶黏剂具有强度高、种类多、适应性强的特点，成为主要的结构胶黏剂。

在制鞋、汽车制造行业中，橡胶型胶黏剂的应用也很广。"二战"前，溶剂型的天然橡胶占多数，自1932年出现了橡胶胶黏剂后，合成橡胶类胶黏剂逐渐成为主流，而且与环氧树脂或其他树脂相配合，大大扩大了应用范围。

在木器制作、纸品加工及包装行业中，聚乙酸乙烯乳胶占有主导地位。它是一种优良的水溶性胶黏剂，在绝大多数的部门都可取代传统的树胶、骨胶等天然胶黏剂。1943年，德国开发了聚氨酯树脂，一年多以后，出现了它的胶黏剂，并用于制鞋、织物及包装等工业部门，这类胶黏剂具有强度高、弹性好的特点。

1957年，美国伊斯曼公司发明了氰基丙烯酸酯类快干胶，开创了瞬间黏接的新时期。在常温无溶剂的普通条件下，几秒到几十秒内就可以产生强有力的结合。此外，乐泰公司还生产了隔绝空气即会发生黏接的厌氧胶等。20世纪60年代开始出现热熔胶黏剂，近来又出现了反应、辐射固化热熔胶。20世纪70年代有了第二代丙烯酸酯胶黏剂，此后又出现了第三代丙烯酸酯胶黏剂。20世纪80年代以后，胶黏剂的研究主要是在原有品种上进行改性、提高其性能、改善其操作性、开发适用涂布设备和发展无损检测技术。

1980年，日本钟化集团最先开发出商品名为"钟化MS聚合物"的硅改性聚醚密封胶。作为高性能的弹性体密封胶，其在日本发展迅速。1981年，该改性密封胶被用于高层建筑物DM-Ichi Kangyo银行东京总部，良好的性能受到了市场认可。至1996年，日本市场上硅改性聚醚密封胶的占有率已达到36%，2016年已超过55%，超过了聚氨酯和硅酮密封胶。1990年，欧洲和美国硅烷改性密封胶也相继发展，德国的汉高、德固塞和美国的Witco、Crompton等公司都有硅改性密封胶产品。

我国关于硅烷改性密封胶的研究还较少，目前已知的有黎明化工研究院和广州化学所在从事该项研究。目前我国高铁、游艇、机车等高要求黏接密封所使用的主要以国外产品为主。格林里奇是国内为数不多掌握该技术的企业，其改性硅烷密封胶不含甲醛、不含异氰酸酯，具有无溶剂、无异味、低VOC释放等突出的环保特性，对环境和人体亲和；适合绝大多数建筑基材，具有良好的施工性、黏结性、耐久性及耐候性，尤其是具有非污染性和可涂饰性，在工业及民用领域均有着广泛应用。

胶黏剂工业的发展历史虽然不长，但其发展速度很快，当前已成为一个不可缺少的独立工业部门。

胶黏剂的作用机理各异，目前有吸附理论、化学键理论、弱界层理论、扩散理论、静电理论、机械力理论等解释。

（1）吸附理论，即黏接力的主要来源是黏接体系的分子作用力，即范德华引力和氢键力。当胶黏剂与被黏物分子间的距离达到一定程度时，界面分子之间便产生相互吸引力，使分子间的距离进一步缩短到处于最大稳定状态。

（2）化学键理论，即胶黏剂与被黏物分子之间除相互作用力外，有时还有化学键产生，化学键可对胶接发挥作用。

（3）弱界层理论，即当液体胶黏剂不能很好浸润被黏体表面时，空气泡留在空隙中而形成弱区。

（4）扩散理论，即两种聚合物在具有相容性的前提下，当它们相互紧密接触时，由于分子的布朗运动或链段的摆动产生相互扩散现象。这种扩散作用是穿越胶黏剂、被黏物的界面交织进行的，扩散的结果导致界面的消失和过渡区的产生。但扩散理论不能解释聚合物材料与金属、玻璃或其他硬体胶黏，因为聚合物很难向这类材料扩散。

（5）静电理论，即当胶黏剂和被黏物体系是一种电子的接受体-供给体的组合形式时，电子会从供给体（如金属）转移到接受体（如聚合物），在界面区两侧形成双电层，从而产生静电引力。静电引力虽然确实存在于某些特殊的黏接体系，但绝不是起主导作用的因素。

（6）机械力理论，即胶黏剂渗透到被黏物表面的缝隙或凹凸之处，固化后在界面区产生了啮合力，这些情况类似钉子与木材的接合或树根植入泥土的作用。机械连接力的本质是摩擦力，在黏合多孔材料、纸张、织物等时，机械连接力是很重要的，但对某些坚实而光滑的表面，这种作用并不显著。从物理化学观点看，机械作用并不是产生黏接力的因素，而是增加黏接效果的一种方法。

这些现有的胶接理论都是从某一方面出发来阐述其原理，所以至今全面唯一的理论是没有的。

胶黏剂分类方法也较多，按应用方法可分为热固型、热熔型、室温固化型、压敏型等；按应用对象可分为结构型、非构型或特种胶，属于结构胶黏剂的有环氧树脂类、聚氨酯类、有机硅类、聚酰亚胺类等热固性胶黏剂及聚丙烯酸酯类、聚甲基丙烯酸酯类、甲醇类等热塑性胶黏剂，还有如酚醛-环氧型等改性的多组分胶黏剂；按固化形式可分为溶剂挥发型、乳液型、反应型和热熔型四种；按外观分类，可分为液态、膏状和固态三类；按组分分类，可分为单组分、双组分和反应型。本章就简单介绍几种胶黏剂的制备方法。

实验一　聚丙烯酸酯乳液胶黏剂的制备

一、实验目的

（1）学习乳液胶黏剂的性质及用途。

（2）熟悉丙烯酸型乳液胶黏剂的结构、性质及用途。

（3）熟悉聚丙烯酸酯乳液胶黏剂的制备方法和注意事项。

二、实验原理

乳液胶黏剂是一类非水溶性聚合物的水乳液胶黏剂，含树脂型的乳液和橡胶型的胶乳胶黏剂等，是重要的水基胶黏剂。常用的树脂型的有：醋酸乙烯共聚物、聚丙烯酸酯、聚氨酯、环氧树脂、酚醛树脂、聚氯乙烯树脂、有机硅树脂等。橡胶型的有：天然橡胶胶乳、氯丁胶乳、丁腈胶乳、丁苯胶乳等。乳液胶黏剂通常以水为分散介质，具有固体含量高、胶结强度优良、无毒无害、无环境污染、不易燃易爆、生产成本低、使用方便等优点而逐渐成为未来胶黏剂的发展趋势。但耐水性差，容易蠕变。乳液胶黏剂应用广泛，可用于黏接木材、泡沫塑料、织物、纸张、静电植绒、土产非织造布、复合纸袋，粘贴地板、壁纸、卷烟接嘴，也可用于制作压敏胶、热敏胶和再湿胶等。丙烯酸乳液型胶黏剂是其中重要的一种。

丙烯酸乳液型胶黏剂是我国 20 世纪 80 年代以来发展最快的一种聚合物乳液胶黏剂，它一般是由丙烯酸酯类和甲基丙烯酸酯类共聚或加入醋酸乙烯酯等其他单体共聚而成。

丙烯酸乳液型胶黏剂具有以下优异性能：

（1）以水为分散介质，不使用有机溶剂，无毒害或易燃危险，属环保型产品。

（2）丙烯酸系单体种类多，含有的酯基、羧基、羟基等官能团具有很强的极性，很容易和其他单体如醋酸乙烯酯、苯乙烯、氯乙烯等进行乳液共聚，制成具有各种性能的乳液胶黏剂。

（3）丙烯酸系聚合物有优良的保色、耐光及耐候性，不易氧化，对紫外线的降解作用不敏感。

（4）丙烯酸系聚合物的黏接强度和剪切强度均很高。

但丙烯酸乳液型胶黏剂也有一定的缺点：耐水性差，干燥时间长，容易发生霉变。

丙烯酸乳液型胶黏剂可以有两种分类方法。乳液按产品的用途可分为：内墙用乳液、外墙用乳液、弹性乳液、防水乳液、封闭乳液等。按产品的组成可分为：纯丙乳液、硅丙乳液、苯丙乳液、醋丙乳液等。

聚丙烯酸酯是丙烯酸乳液型胶黏剂中柔韧性、耐候性和耐水性相对较优越的一类，此外还具有耐碱性、耐光性、耐臭氧性和臭味少等特点，也是一类具有多种性能的、用途广泛的聚合物，可用作织物印花的胶黏剂、木制品胶黏剂、压敏胶、建筑用胶等，也可用于包装工业等领域。

聚丙烯酸酯乳液一般是由单体、引发剂、乳化剂、交联剂等共同制备而成。

常用的单体有丙烯酸甲酯、丙烯酸、丙烯酰胺、丙烯酸乙酯或丙烯酸丁酯。本实验就是以丙烯酸丁酯、丙烯酸和丙烯酰胺组成混合单体。丙烯酸丁酯作为黏性单体玻璃化温度低，赋予胶黏剂黏接特性；丙烯酸和丙烯酰胺作为功能单体，能显著增强黏接力，但用量不宜太多，以免降低耐水性能，丙烯酸还可起到交联点的作用。

该体系常用的引发剂多为水溶性的过硫酸盐，常用的为过硫酸铵、过硫酸钾及过硫酸钠，本实验选择的是过硫酸铵，较适宜的引发剂量为单体总量的 0.2%~0.8%，其中选用 0.2%~0.4%的引发剂用量，可使制备的聚丙烯酸酯乳液呈现蓝色，乳液粒子的粒度小和乳液的稳定性好。

乳化剂有非离子型、阳离子型和阴离子型体系，目前我国多使用阴离子型乳化剂与非离子型乳化剂复合体系。本实验所采用的为乳化剂 OP-10 和十二烷基硫酸钠组成的混合乳化剂。乳化剂 OP-10 是一种非离子型乳化剂，是表面活性剂与矿物油和油脂的混合物，而且可溶于水；十二烷基硫酸钠是一种重要的阴离子型乳化剂。

交联剂的作用就是乳液型丙烯酸酯聚合时，可以改善其黏附性能，聚合中有外交联、自交联（离子交联）和多交联工艺。按照交联温度，又可分为高温交联和常温交联。本实验丙烯酸酯乳液共聚反应中，引入了两种以上活性基团，以达到中低温自交联的目的。

具体过程为：丙烯酸丁酯等单体乳化后，在引发剂作用下进行共聚，经过链引发、链增长、链终止获得一定聚合度的共聚高分子化合物，反应时间长，共聚分子量大，其黏度也增大。

反应式如下：

链引发：

$$R\!-\!R \xrightarrow{\text{链引发剂}} 2R\cdot$$

$$R\cdot + H_2C\!=\!\underset{\underset{COOC_4H_9}{|}}{CH} \longrightarrow R\!-\!CH_2\!-\!\underset{\underset{COOC_4H_9}{|}}{\overset{\cdot}{C}H}$$

链增长：

$$R\!-\!CH_2\!-\!\underset{\underset{C_4H_9OOC}{|}}{\overset{\cdot}{C}H} + mH_3C\!-\!\underset{\underset{CONH_2}{|}}{HC}\!=\!CH \longrightarrow R\!-\!CH_2\!-\!\underset{\underset{C_4H_9OOC}{|}}{CH}\!\!\left[\underset{\underset{CH_3}{|}}{HC}\!-\!\underset{\underset{CONH_2}{|}}{CH}\right]_{m-1}\!\!\underset{\underset{CH_3}{|}}{HC}\!-\!\underset{\underset{CONH_2}{|}}{\overset{\cdot}{C}H}$$

$$R\!-\!CH_2\!-\!\underset{\underset{C_4H_9OOC}{|}}{\overset{\cdot}{C}H} + nH_2C\!=\!\underset{\underset{COOC_4H_9}{|}}{CH} \longrightarrow R\!\!\left[CH_2\!-\!\underset{\underset{C_4H_9OOC}{|}}{CH}\right]_n\!\!-\!CH_2\!-\!\underset{\underset{COOC_4H_9}{|}}{\overset{\cdot}{C}H}$$

链终止：

$$\sim\!\!\sim\!\!CH_2\!-\!\underset{\underset{C_4H_9OOC}{|}}{\overset{\cdot}{C}H} + \sim\!\!\sim\!\!\underset{\underset{CH_3}{|}}{HC}\!-\!\underset{\underset{CONH_2}{|}}{\overset{\cdot}{C}H} \longrightarrow \sim\!\!\sim\!\!CH_2\!-\!\underset{\underset{C_4H_9OOC}{|}}{CH}\!-\!\underset{\underset{NH_2CO}{|}}{HC}\!-\!\underset{\underset{CH_3}{|}}{CH}\!\!\sim\!\!\sim$$

三、仪器与试剂

主要仪器：磁力加热搅拌器、三颈烧瓶、恒压滴液漏斗、温度计、回流冷凝管等。

主要试剂：丙烯酸丁酯（AR）、丙烯酰胺（AR）、丙烯酸（AR）、乳化剂 OP-10（烷基酚与环氧乙烷的缩合物）、十二烷基硫酸钠、过硫酸铵（AR）、氨水等。

四、试剂主要物理常数

试剂名称	分子量	熔点/℃	沸点/℃	密度/g·cm⁻³	水溶解性
丙烯酸丁酯	128.17	−64.6	145.7	0.89	不溶于水
丙烯酰胺	71.08	82~86	125（3.33KPa）	1.322	溶于水
丙烯酸	72.06	13	141	1.05	混溶于水
乳化剂 OP-10					易溶于水
十二烷基硫酸钠	288.38	204~207		1.09	溶于水
过硫酸铵	228.2	120		1.982	易溶于水

五、装置图

图 8.1　反应装置

六、实验步骤

（1）将 0.1 g（0.0004 mol）过硫酸铵溶于 2.5 mL 去离子水中，配成过硫酸铵溶液；将 14 g（16 mL，0.1092 mol）丙烯酸丁酯与 0.5 g（0.5 mL，0.0069 mol）丙烯酸混合，成为混合单体；将 0.3 g（0.0042 mol）丙烯酰胺溶于 2.5 mL 去离子水中，配成丙烯酰胺的水溶液。

（2）在三颈瓶中放入搅拌子，加入 0.15 g（0.0005 mol）十二烷基硫酸钠，0.5 g 乳化剂 OP-10 和 25 mL 去离子水，并按照图 8.1 装上回流冷凝管、温度计和滴液漏斗。搅拌并加热升温至 60 ℃ 左右，待乳化剂溶解后，加入 1 mL 过硫酸铵水溶液、2 g（2 mL）丙烯酸丁酯与丙烯酸的混合单体和 1 mL 丙烯酰胺的水溶液。搅拌升温，在 20 min 左右使反应混合物的温度上升至 78~80 ℃。然后将剩余的混合单体、丙烯酰胺水溶液以及 1 mL 过硫酸铵溶液分多次轮流滴入反应混合物中，1.5 h 内加完。加料过程中要保持反应温度在 78~80 ℃。然后将剩余的约 0.5 mL 过硫酸铵溶液一次加入，提高反应温度至 88~90 ℃，并在此温度下继续搅拌 15~30 min，然后冷却至 60 ℃。加浓氨水将反应混合物的 pH 值调至 8~9，得到乳白色的黏稠乳液成品即聚丙烯酸酯乳液胶黏剂。

七、注意事项

（1）反应开始前应事先配好过硫酸铵水溶液、混合单体和丙烯酰胺水溶液。

（2）在添加混合单体和开始加入引发剂时温度不应过高，应在 60 ℃ 左右。

（3）引发剂应分批加入，保证反应进行得更充分。

（4）加料时要充分搅拌，以免局部反应剧烈发生团聚。

（5）乳化剂品种是影响乳液稳定性的重要因素。用阴离子型表面活性剂与非离子表面活性剂复合（混合比例小于 1∶3）可使乳液具有好的机械稳定性。

八、思考题

（1）丙烯酸乳液型胶黏剂具有哪些优点呢？

（2）丙烯酸酯类聚合物作为胶黏剂具备哪些优点？加入少量的丙烯酸和丙烯酰胺的作用是什么？

（3）单体丙烯酸丁酯在聚丙烯酸酯乳液胶黏剂的制备过程中起什么作用？

实验二　酚醛树脂胶黏剂的制备

一、实验目的

（1）熟悉酚醛树脂胶黏剂的结构、性质和用途。

（2）熟悉酚醛树脂的优缺点。

（3）熟悉酚醛树脂的合成方法和注意事项。

二、实验原理

酚醛树脂最先由德国科学家 Bayer 在 1872 年通过甲醛和苯酚反应制得。1909 年，美国科学家 Baekeland 的酚醛树脂胶黏剂的专利为酚醛树脂的工业化奠定了基础。酚醛树脂是最早工业化的合成树脂，也是首先出现的合成胶黏剂。酚醛树脂是由酚类与醛类在催化剂存在下经缩聚反应制得，用作胶黏剂的是相对分子质量为 500~1000 的低聚物。

酚醛树脂胶黏剂具有如下一些特点：

（1）酚醛树脂含有极性大的羟甲基和酚羟基，对金属和多数非金属都有良好的黏接性，黏接强度较高。

（2）由于酚醛树脂中存在着大量的苯环，又能交联成体形结构，刚性较大，因而耐热性高，在 300 ℃ 下仍有一定的胶接强度，而且抗蠕变，耐烧蚀，尺寸稳定性好。

（3）耐水、耐油、耐磨、耐化学介质、耐霉菌、耐老化等，电绝缘性能优良。

（4）本身易于改性，也能对其他胶黏剂改性。

由于具有这些特点，酚醛树脂胶黏剂获得了较为广泛的应用，可用于黏接木材，制造耐水胶合板、航空胶合板、船舶板、车厢板、高级刨花板等，还可用于生产镁碳耐高温砖及胶接金属、塑料等。

然而，酚醛树脂胶黏剂也存在颜色深、固化胶层硬脆、易龟裂、成本较脲醛树脂胶黏剂高、毒性较大等缺点，特别是该胶固化温度高、固化速度慢，造成生产效率低，能耗大，使得酚醛树脂胶黏剂的应用范围受到一定的限制。改性酚醛树脂胶黏剂一定程度可改善这些缺点，可作结构胶黏剂黏接金属或非金属，制造蜂窝结构、刹车片、砂轮、金刚砂纸、复合材料等，在航空、航天、机械、军工、汽车、船舶、电气等工业部门都获得了广泛的应用，还可用于对其他胶黏剂的改性，提高耐热性、耐老化性、耐水性和黏接强度等。

酚醛树脂是以酚类（如苯酚、甲酚等）与醛类（如甲醛等）为原料通过缩聚反应而制得的。工业用酚醛树脂胶黏剂主要分为线性酚醛树脂和热固性酚醛树脂两类，其制法、结构、性能和应用大不相同。使用最普遍的是以苯酚和甲醛为原料，在酸性或碱性催化下缩合反应而成。

酸性介质下，苯酚和甲醛生成的为线型结构，由于甲醛和苯酚加成速度远低于所生成的羟甲基进一步缩合的速度，所以该结构含羟甲基很少，固化时主要通过未被取代的酚羟基的邻位和对位与固化剂发生链增长和交联。该条件下线型的酚醛树脂生成的结构示意如下：

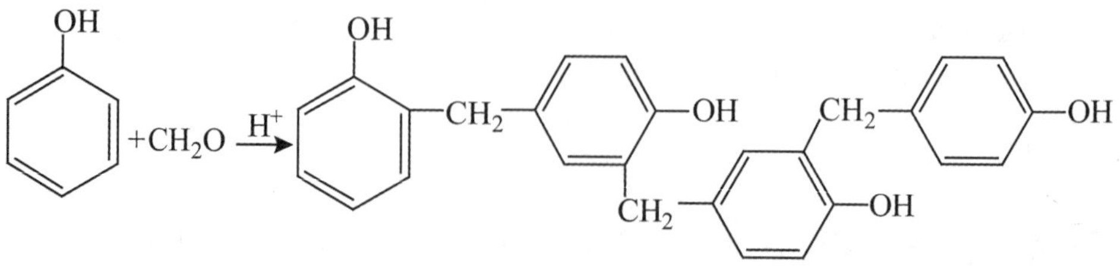

碱性条件下，羟甲基缩合速度则慢于苯酚和甲醛的缩合速度，因此初期存在大量羟甲基取代酚的结构，此时酚醛树脂可溶于水和有机溶剂（A 阶）。此后，羟甲基苯酚会进一步缩合，转化为不溶于水的可凝性酚醛树脂（B 阶）。再进一步缩合，则转变为不溶不熔的体型树脂（C 阶）。本实验以氢氧化钠为催化剂，用苯酚和过量甲醛为原料，得到的是相对分子量较低（400~1000）的水溶性酚醛树脂，其合成的结构示意为：

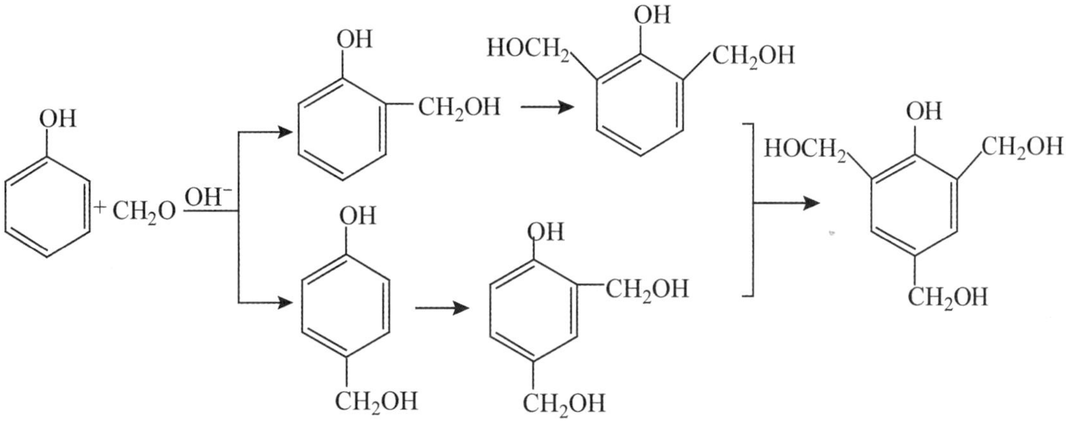

三、仪器与试剂

主要仪器：三颈烧瓶、回流冷凝管、恒压滴液漏斗、磁力加热搅拌器、恩格勒黏度计等。

主要试剂：甲醛（37%水溶液）、40%氢氧化钠水溶液、苯酚（AR）等。

四、试剂主要物理常数

试剂名称	分子量	熔点/℃	沸点/℃	密度/g·cm^{-3}	水溶解性
甲醛	30.03	-92	-19.5	0.815	易溶于水
氢氧化钠	40.00	318.4	1390	2.130	易溶于水
苯酚	94.11	40~42	181.9	1.071	微溶于水

五、装置图

装置图如图 8.2 所示。

六、实验步骤

1. 酚醛树脂胶黏剂的制备

在 250 mL 三颈瓶中加入 20 g（0.21 mol）苯酚和一颗搅拌子，按照图 8.2 装好温度

图 8.2 反应装置

计、恒压滴液漏斗和回流冷凝管。启动搅拌，在搅拌下加入 5.3 g（约 3.7 mL，0.053 mol）40%氢氧化钠水溶液和 5 mL 水。加热升温至 40~50 ℃，并保温 20~30 min。然后控温在 42~45 ℃，并在此温度下边搅拌边滴加 27 mL（0.27 mol）37%甲醛溶液，30 min 内滴完。滴加完后，在 45~50 ℃下搅拌 30 min 后，逐渐升高温度，先是在约 70 min 内由 50 ℃升高到 87℃左右，然后在 20~25 min 内升高到 95 ℃，并保持此温度搅拌 18~20 min。然后降温到 82 ℃并保温搅拌 20 min，再在此温度下慢慢滴入 4.9 mL（0.05 mol）左右的 37%甲醛和 4 mL 水，滴完后逐步升温至 92~96 ℃继续保温反应 20 min 后，每隔 5 min 利用恩格勒黏度计测定反应体系黏度，当黏度值达到 40~120 时，即可停止（一般 92~96 ℃下反应 20~60 min 即可），然后冷却至室温即得酚醛树脂胶黏剂。

2. 使用方法和要求

将本实验所制得的胶黏剂涂在待胶结物体表面上，于温度 120~145 ℃和压强 0.3~2.0 MPa 下固化 8~10 min 即可制得高级胶合板。若在室温下，则需延长时间。

七、注意事项

（1）加料时应该在搅拌下先加入苯酚和氢氧化钠溶液，待苯酚充分溶解后再加入甲醛。

（2）甲醛应分两次加入，而不是一次。

（3）滴加甲醛时温度不应过高，而且滴完后应分段缓慢升温以避免羟甲基酚过快缩聚固化。

（4）第二次加完甲醛后，要注意判断反应终点。

八、思考题

（1）该反应中加入氢氧化钠的作用是什么？

（2）可不可以先加入甲醛，再加苯酚和氢氧化钠溶液呢？为什么？

（3）为什么应在较低温度下滴加甲醛？

（4）如何判断反应终点呢？

实验三　几种日常常用胶黏剂的制备

一、实验目的

（1）学习胶黏剂的基本知识。

（2）掌握制备办公室常用胶黏剂的实验方法和操作技术。

二、实验原理

天然胶黏剂按天然物质的来源可分为植物胶黏剂、动物胶黏剂和矿物胶黏剂。植物胶黏剂包括树胶类（阿拉伯胶）、树脂类（松香树脂）、天然橡胶、淀粉类、纤维素类、大豆蛋白类、单宁类、木素类及其他碳水化合物制成的胶黏剂。

淀粉是一种可再生性天然高分子化合物，具有良好的黏合性和成膜性能。淀粉之所以能够成为一种良好的胶黏剂，就是因为它具备了可生成糊的支链淀粉，而另一部分直链淀粉又能促进其发生胶凝作用的缘故。原淀粉相对分子质量较大，聚合度较高，为 160~6000，不溶于水，但在水中可溶胀。由于流动性及渗透性较差，若直接作为胶黏剂则其性能极差。

阿拉伯胶也称金合欢树胶，是一种野生刺槐科树上的流出胶液。由于多产于阿拉伯国家而得名。阿拉伯胶主要由分子量较低的多糖和分子量较高的阿拉伯胶糖蛋白组成。阿拉伯树胶胶黏剂涂覆后，经干燥能形成坚固的薄膜，但脆性较大。加入增塑剂可增加韧性，但干燥速度有所减慢。

聚乙烯醇，有机化合物，白色片状、絮状或粉末状固体，无味。聚乙烯醇是重要的化工原料，用于制造聚乙烯醇缩醛、耐汽油管道和维尼纶合成纤维、织物处理剂、乳化剂、纸张涂层、黏合剂、胶水等。

糊精是淀粉在加热、酸或淀粉酶作用下发生分解和水解时，将大分子的淀粉首先转化成小分子的中间物质，它不溶于酒精，而易溶于水，溶解在水中具有很强的黏性，广泛作为医药、食品、造纸、铸造、壁纸、标签、邮票、胶带纸等的黏合剂。

聚丙烯酰胺含有亲水基团—$CONH_2$，它们易与水分子形成氢键。它们本身的碳链结构通过缔合作用在分子间形成网状结构，使体系的黏度增加。糖可增加体系黏度。

乙二醇等可以提高胶黏剂的韧性和塑性。甲醛具有强还原性，还具有防腐杀菌等性能。油酸钠是一种重要的阴离子表面活性剂，还具有防水的性能。硼酸也具有抑菌防腐的性能。对苯二甲酸二丁酯也可提高胶黏剂的韧性和塑性。

三、仪器与试剂

主要仪器：酒精灯、烧杯、电子天平、电炉等。

主要试剂：

（1）阿拉伯胶（阿拉伯树胶）、淀粉、蔗糖。

（2）聚乙烯醇、硬脂酸、聚丙烯酰胺、氢氧化钠、甲醛、乙二醇、盐酸、水、香精。

（3）小麦淀粉、30%氢氧化钠、甲醛、20%盐酸、油酸钠。

（4）糊精、葡萄糖、硼酸或硼砂粉。

（5）糯米粉、10%硝酸、硼酸、甘油、香精。

（6）聚乙烯醇、浓盐酸、甲醛、30%氢氧化钠、32%硅酸钠、对苯二甲酸二丁酯、白乳胶。

（7）小麦淀粉、30%双氧水、10%氢氧化钠、硼砂、苯酚。

四、实验步骤

1. 配方1：树胶-淀粉胶

称1 g阿拉伯胶放入100 mL烧杯中，并加入10 mL水，搅匀后加入4 g蔗糖和1 g淀粉，煮之使沸腾3~5 min，待淀粉溶解后加以搅拌，直至淀粉与树胶完全融合均匀为止。随即用20~30 mL水稀释至所需之稠度的胶水状，待冷却后即成。

2. 配方2：办公室用纸张黏合剂

在100 mL烧杯中加入5 g聚乙烯醇、5 g硬脂酸、0.5 g聚丙烯酰胺、0.9 g氢氧化钠、3 mL甲醛、4 mL乙二醇、2滴浓盐酸和50 mL水，在搅拌下加热至完全溶解，冷却至40 ℃以下，加入适量香精，搅匀即成为办公室黏接纸张用的黏合剂，清洁而且携带方便。

3. 配方3：日用糨糊

在100 mL烧杯中加入17 g小麦淀粉，再加入50 mL水，搅拌混匀，再在搅拌下加入4 mL 30%氢氧化钠溶液，加完后继续搅拌1 h，然后加入20%盐酸调节pH值为7.5左右，加入1.7 mL甲醛和0.2 g油酸钠，搅拌均匀即得此糨糊。

4. 配方4：糊精封皮胶

在100 mL烧杯中加入1 g糊精和4 g葡萄糖，再加入20 mL水调匀，然后在电炉上边加热边搅拌（切勿使其沸腾）直至成糊，再加入5 mL左右的热水（必要时可适当增加）以补充蒸发掉的水分，搅匀后，加入0.2 g左右的硼酸，搅匀即可。

如果制作糊糊精，则先在 100 mL 烧杯中加入 1.2 g 硼砂粉，然后加入 10 mL 水，小火加热使之溶解，待溶解后，再边搅拌边加入 9.8 g 糊精和 1 g 葡萄糖，然后小火加热并搅拌（不可热至沸点，否则颜色会变成棕黑，当涂于封口上干后易脆）至糊状，再补充加入 10 mL 左右的热水（必要时可略微多加些），搅匀即可。

5. 配方 5：办公用糨糊

在 100 mL 烧杯中加入 30 g 糯米粉和 60 mL 水，搅匀后再加入 1 mL 10% 硝酸，然后将烧杯放到水浴锅里，在 70 ℃ 左右水浴温度下搅拌至呈半透明黏稠状，停止加热。加入 0.2 g 硼酸，搅匀，冷却。冷却到室温后，加入适量甘油（几滴即可，加入甘油可防止干燥）和少量香精，搅匀即可。

6. 配方 6：防水糨糊

在 100 mL 烧杯中加入 50 mL 90 ℃ 左右热水，然后在搅拌下慢慢向热水中加入 5 g 聚乙烯醇，加料过程中温度控制在 90~100 ℃，加完后在此温度下剧烈搅拌至完全溶解，在 80~90 ℃ 下保温 60 min。随后在搅拌下向其中加入 1 mL 浓盐酸（30% 左右），加完后继续保温搅拌直至混合均匀。测定 pH 值，应在 2~3，如果 pH 值偏高，可适当补充盐酸。然后在 80~90 ℃ 和搅拌下加入 1.8 mL 的甲醛，使酸性溶液进行缩合反应。加完甲醛后在 80~90 ℃ 继续搅拌 140 min。然后用 30% 氢氧化钠溶液调节 pH 值至 7~8，并继续搅拌 15 min。降温冷却并静置 8 h。然后再启动搅拌，在搅拌下加入 3 mL 32% 硅酸钠溶液。混合均匀后再加入 0.05 g 对苯二甲酸二丁酯和 0.05 g 白乳胶，搅拌均匀即可。

7. 配方 7：纸类用强力黏合剂

在 250 mL 烧杯中加入 80 mL 水，加热至 60~65 ℃，然后边搅拌边加入 12 g 淀粉。加完后继续在此温度下搅拌，待淀粉分散成糊状后，在搅拌下慢慢加入 1 mL 30% 双氧水，加完后继续搅拌 30 min。然后慢慢加入 10 mL 10% 氢氧化钠溶液，加完后继续在此温度下搅拌 1~2 h，至液体中出现气泡并消失为止。降温冷却至 40~45 ℃，慢慢加入 0.8 g 防腐剂苯酚，搅匀，再加入 0.5 g 硼砂，搅匀。继续降温，体系黏度逐渐增大，当成糊状时，继续搅拌 30 min，即得产品。

五、注意事项

（1）在制作糊精封皮胶时，温度不能过高，不能加热到沸腾。

（2）在制作防水糨糊时，搅拌速度要足够快。

（3）在制作防水糨糊时，聚乙烯醇要在搅拌下慢慢加入。

（4）在制作纸类用强力黏合剂时，双氧水应在搅拌下慢慢加入。

六、思考题

（1）胶黏剂的概念及胶黏的原理是什么？

（2）树胶-淀粉胶中阿拉伯胶和淀粉的作用分别是什么？

（3）办公室用纸张黏合剂中聚乙烯醇的作用是什么？聚丙烯酰胺又有什么作用呢？

（4）为什么要在防水糨糊中添加对苯二甲酸二丁酯？

第九章　化　妆　品

化妆品（cosmetics）是指为了美化、保留或改变人的外表（例如为了表演）而用于人体的调剂（除肥皂外），或为了净、染、擦、矫正或保护皮肤、头发、指甲、眼睛或牙齿而用的调剂。化妆品具有延缓细胞老化、清除自由基、修复胶原基、免疫调节、促进皮肤微循环、对抗紫外线、润泽皮肤、保护皮肤、护肤美颜等作用。

人类有悠久的使用化妆品的历史。"爱美之心，人皆有之"，自有人类文明以来，就有了对美化自身的追求。在原始社会，一些部落在祭祀活动时，会把动物油脂涂抹在皮肤上，使自己的肤色看起来健康而有光泽，这也算是最早的护肤行为了。由此可见，化妆品的历史几乎可以推算到自人类的存在开始。

在公元前 5 世纪到公元 7 世纪期间，各国有不少关于制作和使用化妆品的传说和记载，如古埃及人用黏土卷曲头发，古埃及皇后用铜绿描画眼圈，用驴乳浴身，古希腊美人亚斯巴齐用鱼胶掩盖皱纹，等等，还出现了许多化妆用具。中国古代也喜好用胭脂抹腮，用头油滋润头发，衬托容颜的美丽和魅力。

古埃及的眼线膏是由铜绿与油脂混合而成的。人们将它涂在眼圈和睫毛处，使眼睛显得大而明亮。

中国古代化妆品最具代表性的就是胭脂、鸭蛋粉、头油、香囊四件物品，历史悠久。

14 世纪，意大利的制鞋工匠在处理起皱的皮革表面时遇到了难题，一个偶然的机会，他们发现油脂能够平复皮革表面的褶皱，使皮面恢复细腻和光滑。在动物表皮产生了如此奇效，在人的皮肤上会怎样呢？这个大胆的设想，开启了化妆品发展的新历程。

20 世纪第二次世界大战后，世界范围内经济慢慢复苏，随着石油化学工业的迅速发展，为了迎合人们对美的追求和渴望，以矿物油为主要成分，加入香料、色素等其他化学添加物的合成化妆品诞生。

由于合成化妆品能大批量生产，价格较低廉，且能保证稳定供应，在社会上迅速普及。合成化妆品以油和水乳化技术为基础理论，以矿物油锁住角质层的水分保持皮肤湿润，抵抗外界刺激。但同时，油类也会阻碍皮肤呼吸，导致毛孔粗大，引发皮脂腺功能紊乱。特别是由于合成化妆品是多种化工原料的大杂烩，其中大量添加了对肌肤有潜在伤害的化学添加物，长期使用会对皮肤造成伤害。

从 20 世纪 80 年代开始，皮肤专家发现：在护肤品中添加各种天然原料，对肌肤有一定的滋润作用。这个时候大规模的天然萃取分离工业已经成熟，市场上的护肤品成分中慢慢出现了各种天然成分，从陆地到海洋，从植物到动物，各种天然成分应有尽有。有的公司已经能完全抛弃原来的工业流水线，生产纯天然的东西，慢慢形成一些顶级的很专注的化妆品牌。

20 世纪 90 年代末，日本成功研发出无添加化妆品，这是一种不用油，以凝胶为原料的化妆品，不添加着色剂、香料、化学防腐剂、油脂、蜡、乳化剂、乙醇等所有可能对皮肤造成刺激、对皮肤有潜在危害的化学添加物。该化妆品成分与人体组织液相似，蕴含多种营养元素，深入肌肤产生出多层次的综合性护肤效果，对肌肤安全无刺激，并且能很好地改善肌肤问题，是真正安全有效的化妆品。

随着无添加概念的兴起，行业跟风现象也迅速扩展，很多化妆品企业都将产品贴上"无添加"标签，作为无添加化妆品进行销售。

2010 年后，又诞生了零负担产品，以台湾婵婷化妆品为主的一批零负担产品，将主导减少没必要的化学成分，增加纯净护肤成分为主题，给过度频繁使用化妆品的女性朋友带来了全新的变革。零负担产品的主要特点在于，产品大量减少了很多无用成分、护肤成分。例如玻尿酸、胶原蛋白等均为活性使用，直接肌肤吸收，产品性能极其温和，哪怕再脆弱的肌肤只要使用妥当，一般也没有问题。

随着基因时代的到来，人体的基因将逐渐被破译，其中也有跟皮肤和衰老有关的基因，许多药厂介入其中。比如罗氏大药厂斥资 468 亿美金收购基因科技，葛兰素史克用 7 亿 2 千万收购 Sirtris 的一个抗老基因技术，还有很多企业开始以基因为概念进行宣传，当然也有企业已经进入产品化阶段。未来的趋势是每个人的体检都会有基因图谱扫描这项，根据图谱的变化来验证产品的功效，美国有些地方已经做到这方面的工作，这也是未来化妆品的发展趋势。

目前化妆品品种繁多，也存在多种分类方式。化妆品按效果分类可分为清洁型（用来洗净皮肤）、护肤型、基础型（化妆前，对面部头发的基础处理）、美容型（用于面部及头发的美化用品）和疗效型（介于药品与化妆品之间的日化用品）几类。按用途分类可分为肤用化妆品、发用化妆品、美容化妆品和特殊功能化妆品。按剂型分类可分为液体、乳液、膏霜类、粉类、块状和油状化妆品几类。按功能性分类可分为普通化妆品（又称非特殊化妆品）和特殊类化妆品。

实验一　膏霜类护肤化妆品的制备

一、实验目的

（1）学习膏霜类化妆品的组成、结构及性质。

（2）学习膏霜类化妆品各组分的性质及价值。

（3）学习雪花膏、防晒膏、粉刺霜和冷霜的结构、组成和性质。

（4）熟悉雪花膏、防晒膏、粉刺霜和冷霜的制备方法和注意事项。

二、实验原理

洁肤护肤用化妆品是一类比较传统的保护面部及皮肤用化妆品，膏霜类化妆品就是其中比较常见的一种，一种由油、脂、蜡和水、乳化剂等组成的乳化体，一种比较有代表性的传统化妆品。膏霜类化妆品能在皮肤表面形成薄薄的油脂膜，保护皮肤免受热、冷空气等的刺激，并且能给皮肤表面补充适当的水分和油脂，使皮肤滋润，尽可能保持皮肤柔软和富有弹性，延缓皮肤衰老和保持健康，因此膏霜类化妆品是主要的基础化妆品。

膏霜类化妆品在组成上可分为膏体材料、表面活性剂、功能性添加剂和感官性添加剂四大部分。膏体材料主要是指构成膏霜化妆品的基质材料，是主要活性成分的载体，它的主要作用是赋予化妆品各种各样的物理形态，并使其他成分分散开来。传统的膏体材料为白色膏体材料，其主要基质材料为长链脂肪酸及脂肪酸钠盐、钾盐等，如硬脂酸和硬脂酸钠就是构成白色膏霜化妆品的基质材料。广义上说，水也是基质材料，它是被分散的油相液滴的载体。

表面活性剂是膏霜类化妆品中必不可少的一部分，在其中主要起乳化、分散和渗透作用，它能将互不相溶的油相和水相均匀、稳定地混合在一起。利用表面活性剂可把油相成分充分地分散成微小的液滴均匀分布于水相中，或反过来将水相成分充分地分散成微小的液滴均匀分布于油相介质中，形成乳化体，并且保证乳化体长期稳定存在。表面活性剂能使产品涂抹在皮肤上时，改变液体与皮肤、毛孔之间的接触角，使产品顺利地在皮肤表面铺展开，进一步穿过毛孔渗透入深层的皮肤组织发挥护肤的作用。

功能性添加剂的作用是赋予膏霜类化妆品某些特殊功能，比如祛斑、美白、保湿、防晒等。功能性添加剂主要有防晒剂（有防晒功能）、防腐剂（有阻止产品微生物生长或阻止与产品反应的微生物生长等功能）、着色剂（调节化妆品色彩）、美白剂（可破坏黑色素细胞、抑制黑色素生成等，使皮肤美白）、营养添加剂及调理和改善问题皮肤的调理剂等。感官性添加剂主要起改善膏霜类化妆品的诸如光泽度、坚实度、拉丝感、铺展性、挑起性、湿润度、吸收性、滑腻感、黏度、柔软感等感官评价指标的作用。

按照乳化类型，膏霜类化妆品主要分为水包油（O/W）型和油包水（W/O）型两类。在制作膏霜类化妆品时，HLB 值很重要。HLB 值在设计膏霜类化妆品配方时具有极重要的参考价值，主要是为了定量表示表面活性剂的亲水性和亲油性的强弱。HLB 值是美国阿特拉斯动力公司的葛里芬（Griffin）于 1949 年通过长期大量的乳化实验，提出"亲水亲油平衡"这一概念时的产物，即表面活性剂的亲水亲油平衡值，英文全称为"Hydrophile-Lipophile Balance Value"，常缩写为 HLB 值，其定义为：

$$HLB = \frac{\text{亲水基的亲水性}}{\text{亲油基的亲油性}}$$

制备膏霜类化妆品时选择表面活性剂即乳化剂尤为重要，选择乳化剂需要遵循如下原则：

（1）根据乳化体的类型选用乳化剂。

对单一乳化剂来说：欲制备 O/W 型膏霜类化妆品，宜选用 HLB = 8～18 的表面活性剂作乳化剂；欲制备 W/O 型乳化体，宜选用 HLB = 3～6 的表面活性剂作乳化剂。

对乳化剂对来说：欲制备 O/W 型膏霜类化妆品，应选用 HLB>6 的乳化剂为主，选用 HLB <6 的乳化剂为辅；欲制备 W/O 型乳化体，应选用 HLB<6 的乳化剂为主，选用 HLB>6 的乳化剂为辅。

（2）在正常情况下，乳化剂或乳化剂对用量一般为 1%～10%。乳化剂在膏霜类化妆品中的用量一般按下列经验公式考虑：

$$\frac{\text{乳化剂重量}}{\text{油相重量+乳化剂重量}} = 10\% \sim 20\%$$

乳化剂用量太少，乳化体系不稳定；乳化剂用量过高，从成本考虑也是不经济的。

（3）乳化剂和被乳化物的亲油基一定要有很好的亲和力，两者亲和力越强，其乳化效果越好。因此选用亲油基和被乳化物质的结构相似、易于溶解的乳化剂，其乳化效果好。

（4）使用天然乳化剂或工业品位乳化剂，由于产地、来源、性质等不同，其乳化能力显著不同，因此在选用时最好以乳化实验为依据。此外还应考虑乳化剂的离子性和相转变温度。

常见的膏霜类化妆品有雪花膏、防晒霜、粉刺霜、冷霜等。

雪花膏通常是以硬脂酸为基质材料，经碱类（K^+、Na^+、NH_4^+等）溶液中和生成的硬脂酸皂为乳化剂的水包油型（O/W）乳化体系，它属于阴离子型乳化剂为基础的油/水型乳化剂，是一种非油腻性的护肤用品。还可加入单硬脂酸甘油酯作助乳化剂，以使乳化体系保持稳定。一般选择多元醇为保湿剂（功能性添加剂），如丙二醇或甘油等，可降低水的蒸气压，使水分难蒸发，还能使硬脂酸可塑性增加，使雪花膏可轻易涂抹开。常用十六醇等作感官性添加剂，既可滋润皮肤，又可防止乳化粒子变粗，可使雪花膏呈珠光光泽。当雪花膏被涂于皮肤上，水分挥发后，吸水性的多元醇与油性组分共同形成一个控制表皮水分过快蒸发的保护膜，它隔离了皮肤与空气的接触，避免皮肤在干燥环境中由于表皮水分过快蒸发而导致的皮肤干裂。此外，可以在配方中加入一些可被皮肤吸收的营养性物质（其他功能性添加剂），如水解蛋白、花粉、丝素、蜂蜜、蜂王浆、卵磷脂等或中草药的有效营养成分等。如果有需要，还可以加入一些香精、香料使雪花膏具有令人愉快的香气。为了使其具有较长时间的保质期，还可加入一定量的防腐剂，如尼泊金酯（对羟基苯甲酸酯）（甲酯、乙酯或丙酯）、山梨酸钾等。

防晒霜是以雪花膏为基础，在制造过程中添加一些能阻止紫外线穿透的物质，包括紫外线吸收剂和能以散射方式阻挡紫外线通过的白色颜料（二氧化钛或氧化锌）。紫外线照射可使表皮基底层细胞内的色素颗粒移近皮肤表层，使黑色素颗粒迅速增殖，时间久了就会造成不可逆的晒伤，影响容貌。防晒霜可阻止紫外线穿透而伤害皮肤。紫外线吸收剂一般要求吸光性能好，不溶于水、不被汗水分解而能被肥皂洗去，而且用后要对化妆品质量无不良影响，如对氨基苯甲酸及其衍生物、对甲氧基肉桂酸酯、水杨酸酯（苯酯、异丁酯、乙基己酯）等。

粉刺霜是在雪花膏的基础上，在制造过程中加入能溶解角质和具有杀菌消毒作用的物质，有时还加入抑制皮脂分泌的雌性激素等药物，但必须严格按医学规定和限量。沉降硫、水杨酸等都能软化角质层使其易于剥离，使色素颗粒移往皮肤表面随清洗脱除。杀菌消毒剂主要有间苯二酚、樟脑等，其毒性较小。间苯二酚还有抑制汗水排泄的收敛作用。

冷霜为油包水型（W/O）护肤化妆品，冷霜多在秋冬两季使用，它不仅有保护和柔润皮肤的作用，还可防止皮肤干燥冻裂。此外，冷霜也能当粉底霜使用，搽粉前搽少许冷霜，可增加香粉的附着力。冷霜的基本原料有蜂蜡、白油、水分、硼砂、香料和防腐剂。硼砂和蜂蜡可形成蜂蜡-硼砂体系，起乳化剂作用。白油和凡士林可在皮肤表面形成一层薄膜，起保湿作用，防止水分过分蒸发。还可添加单硬脂酸甘油酯作助乳剂。

三、仪器与试剂

主要仪器：磁力加热搅拌器、烧杯、玻璃棒、温度计。

主要试剂分述如下。

1. 制备雪花膏时

硬脂酸、单硬脂酸甘油酯、十六醇、丙三醇、10%氢氧化钾水溶液、1%氢氧化钠水溶液、防腐剂、香料等。

2. 制备防晒霜时

硬脂酸、单硬脂酸甘油酯、十八醇、丙三醇、10%氢氧化钾水溶液、水杨酸苯酯、二氧化钛、防霉剂、香料等。

3. 制备粉刺霜时

硬脂酸、单硬脂酸甘油酯、丙三醇、硫黄粉（沉降硫）、樟脑、间苯二酚、10%氢氧化钠水溶液、防腐剂、香料等。

4. 制备冷霜时

蜂蜡、凡士林、白油、石蜡、硼砂、单硬脂酸甘油酯、防腐剂、香料等。

四、试剂主要物理常数

试剂名称	分子量	熔点/℃	沸点/℃	密度/g·cm⁻³	水溶解性
硬脂酸	284.48	67~69		0.9408	难溶于水
十六醇	242.44	50	344	0.834	难溶于水
十八醇	270.5	56~58	349.5	0.8137	难溶于水
丙三醇	92.09	17.8	290.9	1.263~1.303	任意比混溶
单硬脂酸甘油酯	358.56	78~81	476.9	0.958	难溶于水
氢氧化钠	40.0	318.4	1390	2.130	易溶于水
氢氧化钾	56.1	380	1324	2.044	易溶于水
水杨酸苯酯	214.23	41.9	172~173	1.2614	难溶于水
蜂蜡			62~67	0.954~0.964	难溶于水
白油			250~400	0.86~0.905	难溶于水
硼砂	381.37		1575	1.69~1.72	可溶于水
石蜡		47~64		0.9	难溶于水
樟脑	152.23	179~181	204	0.99	难溶于水

五、实验步骤

1. 雪花膏的制备

在 100 mL 烧杯内加入 31 mL 水、3 mL 10%氢氧化钾溶液和 2.5 mL 1%氢氧化钠溶液，并混合均匀，加热至约90 ℃保温备用。

在另一个 100 mL 烧杯内加入 7.5 g 硬脂酸、0.5 g 单硬脂酸甘油酯、0.5 g 十六醇和 5 g 丙三醇，混合均匀，在水浴上加热，并于 80 ℃下搅拌至完全溶解。在匀速定向搅拌下，将上述已预热的碱液慢慢加入 80 ℃的油相中。在此温度下继续搅拌，随着皂化的进行，反应混合物的黏度逐渐增大。当黏度不再增大时，用柠檬酸或磷酸调整 pH 值至混合物呈中性。撤走水浴，继续定速定向搅拌让物料自然降温。在 60 ℃时加入适量防腐剂和香料，至 55 ℃后停止搅拌。静置冷却至室温即得到成品。

2. 防晒霜的制备

在 100 mL 烧杯内加入 33 mL 水、3 mL 10%氢氧化钾溶液，并混合均匀，加热至约 90 ℃，保温备用。

在另一个 100 mL 烧杯内加入 5.0 g 硬脂酸、0.5 g 单硬脂酸甘油酯、5 g 水杨酸苯酯、1.0 g 十八醇和 2.5 g 丙三醇，混合均匀，在水浴上加热，并于 80 ℃下搅拌至完全溶解。待完全溶解后，在 80 ℃下加入 1 g 二氧化钛，搅拌均匀。

在匀速定向搅拌下，将上述已预热的碱液慢慢加入此 80 ℃的体系中。在此温度下继续搅拌，随着皂化的进行，反应混合物的黏度逐渐增大。当黏度不再增大时，用柠檬酸或磷酸调整 pH 值至混合物呈中性。撤走水浴，继续定速定向搅拌让物料自然降温。在 60 ℃时加入适量防霉剂和香料，至 55 ℃后停止搅拌。静置冷却至室温即得到成品。

3. 粉刺霜的制备

在 100 mL 烧杯内加入 34 mL 水、2.5 mL 10%氢氧化钠溶液，混合均匀，加热至约 90 ℃保温备用。

在另一个 100 mL 烧杯内加入 6.0 g 硬脂酸、1.0 g 单硬脂酸甘油酯、1.0 g 十八醇和 2.5 g 丙三醇，混合均匀，在水浴上加热，并于 80 ℃下搅拌至完全溶解。然后，在 80 ℃下加入 2.5 g 硫黄粉、0.8 g 樟脑和 1.0 g 间苯二酚，搅拌均匀。在匀速定向搅拌下，将上述已预热的碱液慢慢加入此 80 ℃的体系中。在此温度下继续搅拌，当体系黏度不再增大时，用柠檬酸或磷酸调整 pH 值至混合物呈中性。撤走水浴，继续搅拌让物料自然降温。在 60 ℃时加入适量防腐剂和香料，至 55 ℃后停止搅拌。静置冷却至室温即得到成品。

4. 冷霜的制备

在 100 mL 烧杯内加入 24 mL 水和 0.6 g 硼砂，在 75 ℃水浴下搅拌并混合均匀，放置备用。

在 250 mL 烧杯中加入 10 g 蜂蜡、41 g 白油、15 g 凡士林、5 g 石蜡和 2.0 g 单硬脂酸甘油酯，在 75 ℃水浴下熔化并混合均匀。待混合均匀后，在剧烈搅拌下慢慢加入上述硼砂水溶液，加完后放慢搅拌速度，保持 75 ℃下搅拌直至黏度不再增加。撤走水浴，继续定速定向搅拌让物料自然降温。在 45 ℃时加入适量防腐剂和香料，至 40 ℃时停止搅拌。静置冷却至室温，即得到成品。

六、注意事项

（1）油相和水相应分别配制，然后再混合反应。

（2）油相和水相混合反应时温度不应太高，应在 80 ℃左右，反应时间也不应过长，当黏度基本不变时就应停止，以免水分流失过多导致冷却后的膏霜过干不易在皮肤表面铺展开而形成面条状。

（3）反应完成后应及时趁热加入柠檬酸等调节 pH 值至中性，柠檬酸等的添加量不应过多，应在雪花膏中分散均匀。

（4）防腐剂和香料应在反应完成、pH 值调节好、温度稍冷后再加入，也应混合均匀。

（5）在制备冷霜时添加硼砂水溶液时应快速搅拌，加完后应放慢搅拌速度，反应温度也不能过高，较高的温度和过分剧烈搅拌都有可能制成水包油型冷霜。

七、思考题

（1）雪花膏是白色膏状乳剂类化妆品，在制备过程中没有直接加入表面活性剂作为乳化剂，乳化剂是怎么产生的？

（2）制备雪花膏时十六醇、硬脂酸、单硬脂酸甘油酯、丙三醇、氢氧化钠和氢氧化钾等组分的作用分别是什么？

（3）制备防晒霜时加入水杨酸苯酯和二氧化钛的作用分别是什么？

（4）制备粉刺霜时加入樟脑、间苯二酚和硫黄粉的作用分别是什么？

实验二　乳液类化妆品——洗面奶的制备

一、实验目的

（1）学习乳液类化妆品的结构和性质。
（2）学习洗面奶的结构、性质、组成及各组分的特点。
（3）熟悉洗面奶的制备方法和注意事项。

二、实验原理

乳液类化妆品，又称蜜类化妆品，是水包油型的乳化剂，含水量在 10%~80%，具有一定的流动性，形状颇似蜜，故而得名。乳液含水量较大，能为皮肤补充水分，还含有少量的油分，因此又可以滋润皮肤。

乳液类化妆品具有三个方面的作用：去污、补充水分和补充营养。去污：乳液可代替洁面剂清除面部污垢。补充水分：因为乳液化妆品中含 10%~80% 的水分，因此可直接对皮肤补水，使皮肤保持湿润。补充营养：该化妆品中含有少量油分，当皮肤发紧时，该油分可滋润皮肤，使皮肤柔软。

洗面奶是一种典型的乳液类化妆品。它可以去除皮肤表面附着的皮脂、角质层屑片、汗液等皮肤生理代谢产物以及灰尘、微生物、使用的化妆品残留物等。洗面奶产品为水包油型乳液，其去污、清洁作用包括两个方面：一是借助于表面活性剂的润湿、渗透作用，使面部污垢易于脱落，然后将污垢乳化，分散于水中；二是洗面奶中的油性成分可以作为溶剂溶解面部的油溶性污垢。

洗面奶的组成一般来讲包含油相物、水相物、表面活性剂、保湿剂、营养剂等成分。

油相物在洗面奶配方中作为溶剂和润肤剂，主要包含有矿物油，此外还有肉豆蔻酸异丙酯、棕榈酸异丙酯、辛酸/癸酸甘油酯等脂肪酸酯，十六醇、十八醇等脂肪醇以及羊毛油、角鲨烷、橄榄油等天然动植物油脂。

配方中表面活性剂的作用尤为重要，它既具有乳化作用（将配方中的油脂分散于水中形成白色乳液），又具有洗涤功能（在水的作用下除去污垢），这类表面活性剂包括阴离子、两性和非离子型表面活性剂，如十二烷基硫酸三乙醇胺、月桂醇醚琥珀酸酯磺酸二钠、椰油酰胺丙基甜菜碱、椰油单乙醇酰胺等。泡沫型洗面奶中还经常使用椰油酰基羟乙基磺酸钠、混合脂肪酸等的复合物，它们可以产生丰富、稳定的泡沫，对皮肤性质很温和，有良好的去污性和分散性，适用于硬水，生物降解性很好，并且在制备时不需乳化。另外，常用的还有月桂酰肌氨酸盐类。

水相组分主要包括水、甘油、丙二醇等水溶性高分子物质。水具有良好的去污作用，也是良好的保湿剂。除了水外，水相中还经常加入一些多元醇甘油、丙二醇作保湿剂。水溶性高分子物质具有稳定增稠作用。

营养剂主要是指一些蔬菜、瓜果等提取物，加入后可以适当给皮肤补充一些维生素等营养成分。

除了油相物、水相物、表面活性剂、保湿剂、营养剂外，根据需要还要用到一些其他成分，主要包括香精、防腐剂、抗氧剂、螯合剂等。香精赋予产品良好的香气，遮盖原料的不良气息；抗氧剂防止配方中的油脂氧化；防腐剂防止产品中微生物的滋长，保持产品稳定；螯合剂螯合水中的钙镁离子，增加产品在硬水中的清洁效果。另外，还有一些具有特殊功效的添加剂，如抗菌剂、美白剂、瘦脂剂等。

洗面奶大致分为普通表面活性剂型、氨基酸型和皂基型。普通表面活性剂型是以脂肪醇聚氧乙烯醚硫酸钠（AES）等为主制作的产品，起泡性和去污能力较弱，不易冲洗干净；氨基酸型是以氨基酸表面活性剂为主的产品，性能温和，洗后肌肤清爽不紧绷，但不易增稠且原料昂贵；皂基型是脂肪酸和碱皂化反应得到的脂肪酸皂，具有容易增稠、泡沫丰富细腻、清洁力强、易冲洗干净、用后能赋予皮肤洁净清爽感等特点。

本实验制备的就是利用脂肪酸和碱皂化反应得到的脂肪酸皂为主制作的皂基型洗面

奶。本实验选择的油脂为白油，一种无色透明液体。选择硬脂酸和三乙醇胺反应生成的硬脂酸三乙醇胺这种阴离子表面活性剂和司班 60 这种非离子型表面活性剂组成的混合表面活性剂作乳化剂，这种乳化剂有利于获得稳定的乳化体系。本实验选择的保湿剂为甘油这种多元醇，该物质同时还可起到耦合剂的作用。这种保湿剂能使皮肤保持水分而有润湿感，同时还可提高乳化体系的低温稳定性。除了甘油外，还可选择丙二醇、丁二醇、山梨醇或聚乙二醇等作保湿剂。

三、仪器与试剂

主要仪器：磁力加热搅拌器、烧杯、温度计。

主要试剂：三乙醇胺、硬脂酸、白油、司班 60、甘油等。

四、试剂主要物理常数

试剂名称	分子量	熔点/℃	沸点/℃	密度/g·cm^{-3}	水溶解性
三乙醇胺	149.19	21.2	360	1.1242	难溶于水
硬脂酸	284.48	67~69		0.9408	难溶于水
白油			250~400	0.86~0.905	难溶于水
司班 60	430.6	54~57			难溶于水
甘油	92.09	17.8	290.9	1.263~1.303	任意比混溶

五、实验步骤

在 100 mL 烧杯中加入 0.5 g 三乙醇胺和 22 mL 水，加热至 90 ℃并保温 10 min 灭菌，然后在搅拌下加入 1.5 g 硬脂酸，继续搅拌使之溶解。待溶解后，加入 2.5 mL 甘油，搅拌混合均匀成水相。降温至 70 ℃，保温备用。

在另一 100 mL 烧杯中加入 22 g 白油和 2.0 g 司班 60，搅拌混合均匀成油相，水浴加热至 70 ℃。在剧烈搅拌下将上述制备的水相慢慢加入此油相中，由于开始时水少油多，因此开始先形成 W/O 型乳化体系，随着水相的增多，逐渐转化为 O/W 型乳化体系（经过这样的相转化可使油相分散得更好，颗粒更细小）。加料完毕后保持搅拌，慢慢降温至 50 ℃，加入适量香料、色素和防腐剂。之后，继续搅拌缓慢降温至常温（如果降温过快，形成的 O/W 型乳化体系颗粒粗大，稳定性较差）。

如果产品合格，则用显微镜检查大部分油颗粒直径为 1~4 μm，呈球状，分布均匀。而且如果产品较好，则乳液在常温下应有流动性，可存放较长时间而无油水分离现象。

六、注意事项

（1）制备水相时一定要先进行灭菌处理，一定要混合均匀。

（2）添加水相到油相中时温度不能过高，添加速度应缓慢。

（3）添加水相到油相中时，一定要剧烈搅拌，搅拌速度决定着最后形成的乳液体系的稳定性，如果搅拌效果较差，则所形成的乳化体系稳定性较差。

（4）反应完成后降温时应缓慢进行。

七、思考题

（1）制备洗面奶的油相物、水相物、表面活性剂、保湿剂、营养剂等各组分的作用分别是什么？

（2）本实验中原料硬脂酸、白油、三乙醇胺、司班60、甘油的作用分别是什么？

（3）先形成 W/O 型乳化体系，再慢慢转化为 O/W 型乳化体系对洗面奶的制备有什么好处？

（4）添加水相到油相中时，可不可以放缓搅拌速度呢？为什么？

（5）如果反应结束后降温速度过快会导致什么后果？

实验三　香波的制备

一、实验目的

（1）学习香波的来历及配制基本原则。
（2）学习香波的构成和各组分作用。
（3）学习香波的制备方法和注意事项。

二、实验原理

香波是外来语"shampoo"的音译，从广义上可以解释为清洁和保养毛发和皮肤，是一种以表面活性剂为主制成的洗涤用品，其形态可分为液状、乳膏状、块状、气溶胶型和粉末状，也称洗发剂、洗发水或洗发液（膏）等。阿拉伯人把含有氢氧化钠的植物油与香料结合起来首先发明了香波，并于1795年把香波介绍到英国。20世纪60年代末，香波不仅是一种头皮和头发清洁剂，已逐渐向洗发、护发和养发等多功能方向发展。

香波的基本功能是清洁头发和头皮，还要求对头发、头皮和人体健康无不良影响。因此，香波配制的基本原则有：

（1）性能温和，洗净力和脱脂作用适中，无毒性，安全性高，既能起到洗涤清洁作用，又不能使头皮过分脱脂，性能温和，对眼睛、头发、头皮无刺激（儿童用香波更应具有温和的去污作用，不刺激眼睛、头发和头皮），使洗后的头发蓬松、爽洁、光亮、柔软，不产生头屑，不引起头痒。

（2）能形成丰富、细腻和持久的泡沫，呈奶油状。

（3）在常温下应具有最佳洗发效果，耐硬水，易清洗。

（4）洗后的头发无黏腻感，应具有光泽、滋润和柔顺性，具有良好的梳理性（包括湿发梳理性和干后头发的梳理性，这是区别于其他洗涤用品的一个特点），且保湿性能好，能防止头发干燥。

（5）产品的 pH 值适中，呈微酸性，接近皮肤的 pH 值，为 5.5~7.5，无皮肤刺激性，对头发和头皮不造成损伤。

（6）稳定性良好，产品在货架期内稳定不分层，无微生物污染，应保证 2~3 年不变质，具有清新怡人的香气等。

此外，如果是特殊作用的香波，还赋予产品一些附加功能，如去屑止痒、滋养头发、防晒修复和防脱发等功效。

香波主要由净洗部分、调理部分、特殊生物医学功效部分、体系稳定部分、感官修饰部分等几部分组成。

（1）净洗部分主要包括主表面活性剂和辅助表面活性剂。

主表面活性剂主要是为香波提供去污和洗涤作用，使香波具有良好的清洗性能，其在液体香波中质量分数一般为 10%~20%。由于香波的基本功能是清洁头发，因此要求主表面活性剂有高泡沫性、一定的脱脂力和去污力、低残留量，容易形成较高体系黏度的胶团结构等。主表面活性剂主要是阴离子型表面活性剂和两性表面活性剂，常用的有十二烷基硫酸铵/钠（K12A/K12）、十二烷基聚氧乙烯醚硫酸铵/钠（（AESA/AES）、N-酰基肌氨酸钠、单烷基磷酸酯和 α-烯基磺酸盐（AOS）等。

辅助表面活性剂可以增强去污力、改善洗涤性能，还能降低主表面活性剂的刺激性、增加稠度、稳定体系、稳泡或增泡以及抗静电等，其在液体香波中质量分数一般为 1%~3%，常用的是非离子型表面活性剂和两性表面活性剂。常用的非离子型表面活性剂有椰油基单乙醇酰胺（CMEA）、椰油基二乙醇酰胺（6501/尼纳尔/Ninol）、具有调理性的十二烷基二甲基氧化胺（AO-12）等。常用的两性表面活性剂有各式甜菜碱、肌氨酸钠和月桂酰燕麦氨基酸钠等。

（2）调理部分的作用主要是改善头发的干湿梳理性及其手感（柔软感）和外观（光泽度），防止头发产生静电等。这类原料目前常用的有：阳离子硅油乳液 DC949、阴离子硅油乳液 DC1785、非离子硅油乳液 DC2-1491、聚季铵盐-10、聚硅氧烷季铵盐、阳离子瓜尔胶及近年使用效果较好的水溶性高分子调理剂，如季铵化纤维素衍生物等。

（3）特殊生物医学功效部分，主要包括去屑止痒剂、生发剂、防晒剂及营养修复、滋润和保湿剂等。

导致头屑的因素主要有 3 个：马拉色菌属真菌、皮脂分泌过多和个体易感性，目前认为最有效的去头屑剂是能抑制马拉色菌属真菌的抗真菌有效成分。

生发剂是指具有促进或刺激头发生长、防治脱发的功效添加剂。

防晒剂可防止因紫外线照射引起头发中氨基酸的光降解、黑色素的氧化变色以及二硫键的氧化断裂等，起到减少头发结构损伤、改善头发干湿梳理性以及护色亮发等作用。

头发营养修复剂主要有维生素、氨基酸、水解动植物蛋白和卵磷脂等，具有增加发根营养，修复受损毛鳞片，使头发强壮牢固及促进头发生长等作用。

保湿剂主要是一些油性原料，如动植物油脂及改性油脂、高级醇、高级脂肪酸酯和硅油类等。常用的保湿剂主要是一些多元醇、有机酸及其盐类，如聚乙二醇、丙二醇、甘油、山梨糖醇、吡咯烷酮羧酸钠、乳酸和乳酸钠等。保湿剂会影响香波黏度和减少泡沫，因此用量一般较少，为 1%~2%。

（4）体系稳定部分主要包括增稠剂或分散稳定剂、pH 调节剂、螯合剂、防腐剂等。

为了使香波产品在保质期内不出现变色、变味、变稀和分层等现象，保持其合适的流变性，需要加入 0.2%~5% 的增稠剂或分散稳定剂。常用的增稠剂有无机盐（NaCl 或 NH₄Cl）、脂肪酸聚氧乙烯酯。稳定剂有烷基醇酰胺（如 Ninol 或 6501 等）和氧化胺（OA-12）等。

多数情况下需要将香波体系的 pH 值调节到 7 以下，略偏酸性，对头发护理和减少皮肤刺激有利，常用的酸度调节剂有柠檬酸、酒石酸和磷酸等，用量一般为 0.1%~0.5%。

液体香波一般是用去离子水稀释配制，以防止不溶性钙、镁皂的产生，一般加入 0.1%~0.5% 的螯合剂起抗硬水、防止变色及防腐增效等作用。

化妆品的微生物污染是影响我国化妆品产品质量和安全的重要因素之一，为避免香波受微生物影响而引起变质，一般需加入 0.1%~0.2%（不超过 0.5%）的防腐剂，婴儿香波中更少，香波中常用的防腐剂有凯松等。

为防止香波中某些成分因受环境中氧和紫外线的影响而发生氧化、酸败、褪色和变色等变质现象，可加入适量的抗氧剂和紫外线吸收剂等。

（5）感官修饰部分主要是为了得到珠光效果、洗发时和洗发后的怡人香气及悦目的色觉而加入的添加剂。

一般加入 2%~5% 的珠光剂（如乙二醇硬脂酸酯、聚乙二醇硬脂酸酯、十六醇、十八醇、硬脂酸镁和硅酸铝镁等）、0.1%~0.5% 的香精及适量的着色剂等，加入这些组分时，应满足其不会引起对皮肤和眼睛的刺激、最终的感官效果理想、在体系中稳定以及不影响产品的稳定性和黏度等要求。

香波按外观状态可分为透明香波、非透明香波、胶状香波、膏状香波;按头发性质可分为干性香波、中性香波、油性香波;按表面活性剂性质可分为阴离子型香波、非离子型香波、两性离子型香波、复合型香波等;按其用途分类,则又可分为婴儿香波、去头屑香波、每日用香波、每周用香波、酸性香波以及各种药物香波,等等。

本实验介绍其中两种香波的制备。在制备透明液体香波时,十二烷基聚氧乙烯醚硫酸钠和十二烷基聚氧乙烯醚硫酸三乙醇胺盐为主表面活性剂,椰子油脂肪酰二乙醇胺为辅助表面活性剂,甘油为保湿剂,柠檬酸为 pH 调节剂,氯化钠为增稠剂,EDTA 为螯合剂。在制备膏状调理香波时,十二烷基聚氧乙烯醚硫酸钠为主表面活性剂;月桂酰二乙醇胺和十二烷基氨基甜菜碱为辅助表面活性剂;聚乙二醇二硬脂酸酯为调理剂,缓和香波洗净力,赋予头发柔软、有光泽的性质,一般香波不使用,干性头发所用香波中少量添加;阳离子纤维素衍生物为水溶性高分子调理剂,可避免香波层析而影响洗净力;甘油为保湿剂,柠檬酸为 pH 调节剂,氯化钠为增稠剂,EDTA 为螯合剂。

三、仪器与试剂

主要仪器:磁力加热搅拌器、烧杯、玻璃棒、温度计等。

主要试剂分述如下。

(1) 制备透明液体香波时:十二烷基聚氧乙烯醚硫酸钠(AES)、十二烷基聚氧乙烯醚硫酸三乙醇胺盐(AESA)、椰子油脂肪酸二乙醇胺(6501)、甘油、螯合剂 EDTA、柠檬酸、氯化钠、防腐剂、色素和香料等。

(2) 制备膏状调理香波时:十二烷基聚氧乙烯醚硫酸钠(AES)、十二烷基氨基甜菜碱、月桂酰二乙醇胺、聚乙二醇二硬脂酸酯、甘油、阳离子纤维素衍生物、螯合剂 EDTA、柠檬酸、氯化钠、防腐剂、色素和香料等。

四、试剂主要物理常数

试剂名称	分子量	熔点/℃	沸点/℃	密度/g·cm^{-3}	水溶解性
AES					易溶于水
AESA	415.59				
椰子油脂肪酸二乙醇胺	287.16				易溶于水
甘油	92.09	17.8	290.9	1.263~1.303	任意比混溶
柠檬酸	192.14	153		1.665	溶于水

续表

试剂名称	分子量	熔点/℃	沸点/℃	密度/g·cm⁻³	水溶解性
EDTA	292.24	250		0.86	微溶于冷水
十二烷基氨基甜菜碱	313.52				
月桂酰二乙醇胺	287.44				
聚乙二醇二硬脂酸酯	328.53				

五、实验步骤

1. 透明液体香波的制备

在 250 mL 烧杯中加入 78 mL 蒸馏水，水浴升温到 60 ℃，在此温度下，边搅拌边加入 12 g 十二烷基聚氧乙烯醚硫酸钠，加完后继续搅拌直至完全溶解。保温在 60~65 ℃，慢慢加入 5 g 十二烷基聚氧乙烯醚硫酸三乙醇胺盐，搅拌至溶解完全。然后在此温度下加入 4 g 椰子油脂肪酰二乙醇胺，搅拌溶解。待溶解后，再在此温度下加入 1 g 的甘油，并混合均匀。待混合均匀后慢慢冷却至 35 ℃ 以下，在搅拌下加入适量防腐剂、螯合剂 EDTA、色素和香料。自然冷却至室温。

加入 50% 柠檬酸水溶液调节体系 pH 值至 5.5~7。

如果觉得太稀，可加入少量 20% 氯化钠溶液调节体系黏度。

2. 膏状调理香波

在 250 mL 烧杯中加入 73 mL 蒸馏水，水浴升温到 60 ℃，在此温度下，边搅拌边加入 15 g 十二烷基聚氧乙烯醚硫酸钠，加完后继续搅拌直至完全溶解。保温在 60~65 ℃，慢慢加入 3 g 十二烷基氨基甜菜碱，搅拌至完全溶解。再在此温度下先加入 4 g 月桂酰二乙醇胺，搅拌混合均匀，再加入 3 g 聚乙二醇二硬脂酸酯，混合均匀后再加入 1 g 甘油，混合均匀。然后再加入 1 g 阳离子纤维素衍生物，混匀后慢慢冷却至 35 ℃ 以下，加入适量防腐剂、螯合剂 EDTA、色素和香料，混合均匀后自然冷却至室温。

加入 50% 柠檬酸水溶液调节体系 pH 值至 5.5~7。用适量氯化钠溶液调节体系黏度。

六、注意事项

（1）每一次加料后需搅拌混合均匀后，再加入下一种原料。

（2）搅拌速度应缓慢，以免泡沫过多影响珠光的出现。

（3）甘油不应加入过多，以免影响香波黏度和减少泡沫。

（4）柠檬酸和氯化钠也不应加入太多。

（5）应待体系温度降至 35 ℃ 以下后再添加防腐剂、螯合剂 EDTA、色素和香料。

（6）应待体系温度冷却至室温后再调节 pH 值和黏度。

七、思考题

（1）制备透明液体香波时各组分的作用是什么？

（2）甘油加入过多会有什么影响？

实验四　珠光浆的制备

一、实验目的

（1）学习珠光剂的结构和性质。

（2）学习珠光剂的分类和各类珠光剂的特点。

（3）熟悉珠光浆的制作方法和制作过程中的注意事项。

二、实验原理

许多乳液化妆品具有金属光泽，因为其中添加了一种叫珠光剂的成分。珠光剂是以硬脂酸乙二醇酯、烷基醚硫酸盐和烷醇酰胺等为主要成分的日化原料，是一种非离子型表面活性剂，属硬脂酸酯类化合物，其外观为白色或浅黄色细而滑的蜡状物。珠光剂能赋予产品珍珠般光泽，能增加产品的美感和吸引力，还具有一定的遮光作用，从而避免产品因阳光照射导致的变质。另外，珠光剂还同时具有增稠作用和护肤作用。珠光剂主要用于化妆品中，如配制香波、沐浴液、软膏、乳液及洗面奶，近期在制药工业上用于配制药膏及消毒灭菌液。

珠光剂分为天然和合成两类。天然珠光剂有贝壳粉、云母粉和天然胶等；合成珠光剂则是高级脂肪酸类、醇类、酯类和硬脂酸盐类等。脂肪酸酯是合成珠光剂中性能最好的一类。脂肪酸酯包括一元酸一元醇酯、二元醇酯及多元醇酯，还包括二元酸的一元醇酯及多元醇酯，一元酸、二元酸多元醇的复合酯等。其中，乙二醇硬脂酸酯是性能最好并且应用最广的一种。单酯在与其他表面活性剂配制的溶液中，由于它对自然光产生了光的反射及折射等作用而引起了闪烁的珠光效应，产生的珠光较细腻。双酯对自然光无闪光效应，相反产生的是遮光作用，但在单酯中配合加入少量的双酯，可使闪烁效应倍增。因此，生产工艺应控制在以生产单酯为主的工艺条件。

乙二醇单硬脂酸酯为白色固体，工业品常制成片状，称为珠光片，广泛地用于洗涤用品和化妆品中作珠光剂和增稠剂。乙二醇单硬脂酸酯在表面活性剂复合物中加热后溶解或乳化，降温过程中会析出镜片状结晶，因而产生珠光光泽。在化妆品中使用可产生明显的珠光效果，并能增加产品的黏度，还具有滋润皮肤、养发护发和抗静电作用。乙二醇单硬脂酸酯与其他类型的表面活性剂相溶性好，且能体现其稳定的珠光效果及增稠调理功能。乙二醇单硬脂酸酯对皮肤无刺激，对毛发无损伤。它的熔点在 62 ℃ 以上，不溶于冷水，可溶于热水，冷却后以白色沉淀形式析出，但不显珍珠光泽，因此一些厂商常将其制成珠光浆出售。将一定量珠光浆和相容性乳液混合分散均匀，就得到珠光浆产品。目前市售珠光浆大多数供调制碱性乳液产品使用，此类珠光浆在酸性条件下会使乳液黏稠度下降，有的珠光浆商品还不能久存。

　　本实验以脂肪醇聚氧乙烯醚硫酸钠（AES）为乳化剂，以单硬脂酸甘油酯为珠光剂，并添加少量硬脂酸加强珍珠光泽，加入烷醇酰胺（净洗剂 6501）这种非离子型表面活性剂作为增稠剂。该珠光浆在配制碱性、中性、酸性等乳液制品中均可使用。此外还添加了尼泊金乙酯作防腐剂、杀菌剂，添加了二丁基羟基甲苯（抗氧化剂 BHT）作抗氧化剂，添加了聚乙二醇 6000 双硬脂酸酯（增稠剂 638）作增稠剂。

三、仪器与试剂

　　主要仪器：磁力加热搅拌器、烧杯、水循环真空泵、玻璃棒、温度计等。

　　主要试剂：脂肪醇聚氧乙烯醚硫酸钠（AES），工业品，含量≥60%；单硬脂酸甘油酯，工业品；烷醇酰胺（净洗剂 6501），工业品，含量≥60%；尼泊金乙酯，分析纯；二丁基羟基甲苯（抗氧化剂 BHT），工业品；硬脂酸，分析纯；聚乙二醇 6000 双硬脂酸酯（增稠剂 638），工业品。

四、试剂主要物理常数

试剂名称	分子量	熔点/℃	沸点/℃	密度/g·cm⁻³	水溶解性
AES					易溶于水
单硬脂酸甘油酯	358.56	78~81	476.9	0.958	不溶于水，但能形成稳定的水合分散体
净洗剂 6501					
尼泊金乙酯	166.17	116~118	297.5	1.078	微溶于水
二丁基羟基甲苯	220.36	69.5~71.5	265		不溶于水
硬脂酸	284.48	67~69		0.9408	难溶于水
增稠剂 638					

五、实验步骤

（1）称取 0.5 g 增稠剂 638（使乳化体系稳定）到 100 mL 烧杯中，加入 50 mL 80 ℃ 蒸馏水，在搅拌下溶解，待溶解后，降温冷却至 50 ℃，放置备用。

（2）在另一 100 mL 烧杯中加入 5 g 单硬脂酸甘油酯珠光片、3 g 净洗剂 6501、0.5 g 硬脂酸、10 g 脂肪醇聚氧乙烯醚硫酸钠、0.05 g 尼泊金乙酯、0.05 g 二丁基羟基甲苯和 4 mL 蒸馏水。在水浴下将上述混合物加热至 80 ℃，待单硬脂酸甘油酯珠光片完全熔化，小心搅拌混合物，尽量避免珠光片沾附在上层杯壁。仔细观察是否真正均匀（当发现与周围不同的透明小团块状黏稠物存在时，则没搅匀，需继续搅拌至其完全分散）。待物料搅和均匀呈现类似熟糯糊的半透明状，即可停止加热，自然冷却。当温度降到 58 ℃ 以下，取 27~28 g 上一步准备好的 1% 的增稠剂 638 水溶液慢慢分批（约分成 10 批）加入该混合体系中。每加入一批增稠剂溶液，立即强力搅拌至完全分散均匀，然后再加下一批。待增稠剂溶液加完且搅拌分散均匀后，即得产品。

（3）珠光浆的应用。将此珠光浆加入乳液状化妆品中即可。比如珠光状洗发露，在 250 mL 烧杯中加入 12 g 脂肪醇聚氧乙烯醚硫酸钠、3 g 月桂醇硫酸钠和 65 mL 蒸馏水。水浴加热此混合物到 80~85 ℃，并在搅拌下使物料完全溶解。待完全溶解后，搅拌下自然冷却至 58 ℃ 以下，立即加入 20 g 50 ℃ 的上述珠光浆，搅拌使之分散均匀，然后搅拌冷却至 40 ℃ 以下。这个方法得到的产品可能含大量泡沫，妨碍珠光显现，必须进行消泡处理（除了影响珠光显现外，泡沫的存在还会严重影响乳化体系稳定，甚至一个月内出现破乳现象），即将待消泡乳液装入 1000 mL 圆底烧瓶中，在瓶口连接上包括真空泵在内的抽气装置，在 40 ℃ 水浴下保温并启动真空泵抽气，直至乳液表面气泡基本消失，即得产品。

六、注意事项

（1）在加入脂肪醇聚氧乙烯醚硫酸钠（AES）后溶解分散时，需要仔细观察是否真正搅匀。

（2）加入 1% 增稠剂 638 水溶液时，该溶液应降温到比被加入的混合体系温度低，且必须强力搅拌，分批加入，每批需分散均匀后再加下一批。

（3）使用制备的珠光浆时要注意避免出现大量泡沫，如果出现大量泡沫，需进行消泡处理。

七、思考题

（1）脂肪醇聚氧乙烯醚硫酸钠（AES）、单硬脂酸甘油酯、硬脂酸、净洗剂 6501、尼泊金乙酯、二丁基羟基甲苯和增稠剂 638 的作用分别是什么？

（2）怎么判断脂肪醇聚氧乙烯醚硫酸钠（AES）的溶解分散是否均匀？

（3）使用制备的珠光浆时，如果出现大量泡沫，会对产品产生什么影响？

第十章　洗　涤　剂

洗涤剂（detergent）是通过洗净过程用于清洗而专门配制的产品，主要组分通常由表面活性剂、助洗剂和添加剂等组成。洗涤剂要具备良好的润湿性、渗透性、乳化性、分散性、增溶性及发泡与消泡等性能，这些性能的综合就是洗涤剂的洗涤性能。

人类有较为悠久的使用洗涤剂的历史。古代人们除用清水去除沾附在衣物上的泥沙之外，为了去除衣物上的油性污垢，最早使用的洗涤剂是草木灰。草木灰是燃烧木头、柴火剩余的炭灰。草木灰中含有可溶于水的碳酸钾，显碱性，对动植物油脂和蛋白质污垢都有良好的去除能力。

另一种常被作为洗涤剂使用的是天然矿物碳酸钠，又叫纯碱，在降雨量稀少的干旱地区或沙漠边缘地区的湖泊中含有这种天然矿物，但产量不多。1791 年，法国人发明以食盐为原料的制碱法，碳酸钠产量有了迅速提高，它才被广泛用作洗涤剂。在肥皂被大量使用之前，纯碱（$Na_2CO_3 \cdot 10H_2O$）和小苏打（$NaHCO_3$）曾是家庭使用的主要洗涤剂，但它们的去污力比肥皂差，而且碳酸钠的碱性太强，不适合对羊毛、丝绸进行洗涤。在当前合成洗涤剂被广泛使用的情况下，家庭洗衣早已不单独使用碱剂作洗涤剂，但在洗衣店中为了节约成本，在清洗白色棉织物时仍加入一定量的纯碱。而在大工业清洗领域，由于碱具有很强的脱脂能力，所以以碳酸盐、磷酸盐、硅酸盐为主要成分的碱性脱脂洗涤剂仍在广泛使用，在配制合成洗涤剂时，碱剂仍是重要的助洗剂。

肥皂是另一种使用历史较长的洗涤剂，也是人类创造出来的最古老的化学制品之一。从公元前 2500 年人类文化发源地之一的美索不达美亚平原挖掘出的古迹中发现，当时人们已使用类似肥皂的物质清洗羊毛和衣物。公元前 600 年，当时的腓尼基人把山羊脂和草木灰混在一起造就了最原始的肥皂。腓尼基人发现了表面活性剂的优越性能，表面活性剂能削弱水的表面张力，使水能更好地渗入织物，分解污垢并让它漂流到表面，直到最终被洗刷掉。在古罗马时代，祭坛上奉献的生兽肉烧烤时，肉中的脂肪滴落到下面灼热的草木灰中形成了肥皂，被当时的人认为是"有魔法的土"，并被用于洗涤。在古罗马的博物志中记载着用油脂、草木灰和石灰混合制成肥皂的方法，并特别指出用羊油和山毛榉树的灰制成的肥皂质量最好，还记载着加入食盐可以得到较硬的肥皂，适合洗头发和用于美容。

中世纪在地中海沿岸许多城市已小规模生产肥皂。16 世纪，法国马赛已成为制皂业中心，至今还有马赛皂的提法。虽然制造肥皂的原料之一脂肪很丰富，但是由于纯净状态的纯碱很难找到，所以肥皂的生产受到限制。1791 年，以食盐为原料制备碳酸钠的路布兰制碱法发明后，碳酸钠的产量和供应量大大提高；用电解食盐水生成氢氧化钠之后，使大量生产价廉质硬的脂肪酸钠（肥皂）成为可能，进一步推动了肥皂的生产。

早期人们是使用橄榄油作油脂原料的，由于橄榄油是药用和食用的优质油，价格较高，后来逐渐被价格便宜的各种动植物油代替，特别是热带的椰子油等植物原料油的使用，使肥皂的质量大为提高。在日本，鲸油被大量用于制造肥皂，经过适当的氢化处理，可以去除其腥味。在美国，由于油脂价格便宜，其被大量用于制造肥皂，牛脂与 10% ～ 15% 的椰子油配合制成的肥皂有丰富的泡沫，水溶性好，可在冷水中使用，而且较耐硬水。利用盐析的方法，即在皂化形成的产品混合物（肥皂、甘油及水溶性杂质等）中加入食盐，可利用密度的差别使水溶性杂质溶于食盐水中而与甘油及肥皂分离，提高了肥皂的纯度，也可将有用的化工原料甘油回收，肥皂固化成型干燥后使用更方便。目前使用的肥皂是动植物油与氢氧化钠发生皂化反应得到的高碳脂肪酸钠盐的混合物，包括 C_{12} ～ C_{18} 的饱和脂肪酸盐的硬质肥皂和油酸、亚油酸（十八碳二烯酸）盐的软质肥皂。

从环保角度看，肥皂毒性小，生物降解性好，有利于环境保护；使用肥皂清洗皮肤时，比使用合成洗涤剂脱脂作用小，对皮肤有一定的保护作用，因此肥皂一直被保留作皮肤清洗剂。

合成洗涤剂是 20 世纪随着化学工业特别是石油化学工业的发展而发展起来的。最初生产的合成洗涤剂如拉开粉 BX（二丁基萘磺酸钠）、土耳其红油（蓖麻泊硫酸酯）洗涤性能都不好，只能作纺织工业中的匀染剂、分散剂或纤维油剂。

"一战"前后，主要是以煤和油脂为原料，所生产的表面活性剂、洗涤剂是以高级脂肪醇的硫酸酯盐（AES）为主的。这类表面活性剂有耐酸、耐碱、耐硬水的性能，去污力强，适合作洗涤剂。缺点是以天然油脂为原料生产的脂肪醇价格高，影响了它的普遍使用。"二战"前后，表面活性剂的生产转向以石油产品为基础。由于石油产品原料丰富，价格便宜，使表面活性剂的生产得到迅速发展。

首先是烷基苯磺酸钠（ABS）这种价格低廉、清洗性能优良的合成洗涤剂得到开发，继而改为生产生物降解性好的同类产品直链烷基苯磺酸盐（LAS）。接着开发出 α-烯基磺酸盐（AOS）、烷基硫酸盐（AS）、仲烷基磺酸盐（SAS）等阴离子洗涤剂和脂肪醇聚氧乙烯醚（AEO）、烷基酚聚氧乙烯醚（APPO）等非离子合成洗涤剂。它们具有优良的去污能力，使表面活性剂成为衣物洗涤剂中最重要的成分。

洗衣粉是这些衣物洗涤剂中较为有代表性的一种。1907 年，德国人汉高以硼酸盐和硅酸为主要原料，首次合成了洗衣粉，不过此时的清洁效果不如肥皂。

1950 年以后，人们又找到了合适的助剂三聚磷酸钠，大大提高了合成洗涤剂也就是洗衣粉的去污能力，从此以后洗衣粉得到了长足的发展。

洗衣粉是一个成功的广泛使用的合成洗涤剂，具有去污能力强、可用于洗衣机洗涤的优点，但同时也存在很多缺点，如洗衣粉碱性过强、对皮肤有较强刺激性，因此，不适于手洗。过多无机助剂的使用导致溶解性差、不能 100% 发挥洗涤效力、灰分沉积、洗后织物发硬，以及存放中易吸潮结块、结块后的洗衣粉更难溶解等。同时由于肥皂和洗衣粉碱性都很强，因此，不适于洗涤丝毛等质地的织物。

洗衣液是 20 世纪 80 年代才出现的新一代织物洗涤产品，可以分为结构型和非结构型两大类。结构型洗衣液其特点是配方成分较为接近洗衣粉，无机助剂含量高，去污能力较好；缺点是 pH 值较高，溶解速度较慢，且配方和生产工艺要求高。非结构型洗衣液以表面活性剂为主，助剂含量较低，多为透明或半透明均一液体。非结构型洗衣液的表面活性剂可选范围很宽，根据产品特点，阴离子、非离子和阳离子表面活性剂均可使用；且其 pH 值较低，为中性至弱碱性范围，更适用于丝毛质地织物的洗涤，对皮肤刺激性较小，也适于手洗。非结构型洗衣液溶解迅速，去污力好，满足日常生活的洗涤需求，并且容易实现多功能化，可以获得柔软、抗菌及芳香等功效。

除了洗衣液外，洗衣片也逐渐兴起。洗衣片的载体是淀粉、纤维素和防腐剂。虽然洗衣片便利轻巧，携带方便，但缺点也是明显的，就是有残留，使衣物发黄，且含有防腐剂。所以，洗衣片并不能满足人类安全健康洗涤的终极需求，注定只能是一个过渡。

随着人们的健康意识和环保意识的不断提高，越来越多的人关注衣物洗涤用品对人体健康和污水对环境的危害。洗涤用品中的有害成分，为消费者带来严重的隐患，对环境卫生也带来极大的危害。洗衣片的安全性也逐渐为人们所顾虑。洗衣液中目前还无法完全去除防腐剂和荧光剂，这些危害健康的成分也让人不安。

近些年出现了一款洗涤品，其 pH 值为 7.2，温和中性，对身体无害，无防腐剂、无荧光剂、无磷，真正安全健康，绿色环保，各项安全性能通过国际权威机构检测，并且荣获国际发明专利，即无水洗衣精华。随着科学技术的进步，将来必将出现更多不仅去污力强，化学稳定性好，而且具有生物降解性能，对人体无毒和刺激性低的新的洗涤剂，这是大势所趋。

洗涤剂的种类很多，按照去除污垢的类型，可分为重垢型洗涤剂和轻垢型洗涤剂；按照产品的外形可分为粉状、块状、膏状、浆状和液体等多种形态。一般来说可分为肥皂、合成洗衣粉、液体洗涤剂、固体状洗涤剂及膏状洗涤剂几大类。

实验一 几种肥皂的制备

一、实验目的

(1) 学习肥皂的来历和结构。

(2) 学习肥皂的去污原理。

(3) 熟悉制作肥皂的原料及制备方法。

二、实验原理

肥皂是脂肪酸金属盐的总称。肥皂最早源自埃及法老的一次偶然失误导致的油脂和炭灰的偶然相遇。公元 2 世纪，肥皂已专门用来洗东西。大约在公元 1000 年维京人将制作肥皂的方法传入了英格兰，从此英格兰将肥皂的使用和生产传遍了整个欧洲。19 世纪 20 年代大规模的制碱法出现，肥皂开始大规模工业化生产，成为普通家庭的生活必需品。经过长期的发展，肥皂生产已经系统化、产业化，成为一个重要的行业。

肥皂的通式为 RCOOM，式中 $RCOO^-$ 为脂肪酸根，M 为金属离子。日用肥皂中的脂肪酸碳数一般为 10~18，金属主要是钠或钾等碱金属，也有用氨及某些有机碱如乙醇胺、三乙醇胺等制成特殊用途肥皂的。肥皂之所以能去污，是因为它有特殊的分子结构，其分子结构可以分成两个部分，一端是带电荷呈极性的 COO^-（亲水部位），另一端为非极性的碳链 R（亲油部位）。肥皂能破坏水的表面张力，当肥皂分子进入水中时，具有极性的亲水部位，会破坏水分子间的吸引力而使水的表面张力降低，使水分子平均地分配在待清洗的衣物或皮肤表面。肥皂的亲油部位，深入油污，而亲水部位溶于水中，此结合物经搅动后形成较小的油滴，其表面布满肥皂的亲水部位，而不会重新聚在一起成大油污。此过程（又称乳化）重复多次，则所有油污均会变成非常微小的油滴溶于水中，可被轻易地冲洗干净。

肥皂包括洗衣皂、香皂、金属皂、液体皂等，用途很广，除了大家熟悉的可用来洗衣服之外，还广泛地用于纺织工业。通常以高级脂肪酸的钠盐用得最多，一般叫作硬肥皂；其钾盐叫作软肥皂，多用于洗发、刮脸等；其铵盐则常用来做雪花膏。

制作肥皂的原料主要有熔点较高的油脂、碱、其他辅助原料（助洗剂、着色剂、香料、防腐剂、抗氧化剂、发泡剂、硬化剂、黏稠剂、界面活性剂等）。

油脂主要指植物油和动物脂肪,是制造肥皂的基本原料,可提供长链脂肪酸。从碳链长短来考虑,一般来说,脂肪酸的碳链太短,所做成的肥皂在水中溶解度太大;碳链太长,则溶解度太小。因此,只有 $C_{12} \sim C_{18}$ 的脂肪酸所制成的肥皂洗涤效果最好,其中尤以 $C_{16} \sim C_{18}$ 脂肪酸为主,常用的脂肪酸有椰子油(C_{12})、棕榈油($C_{16} \sim C_{18}$ 为主)、猪油或牛油($C_{16} \sim C_{18}$ 为主)等。脂肪酸的不饱和度影响制成的肥皂的性能,饱和度大的脂肪酸所制得的肥皂比较硬;一般不饱和度高的脂肪酸制成的肥皂比较软且难成块,抗硬水性能差,常常催化加氢成氢化油(或叫硬化油)后与其他油脂配合使用。

碱主要指碱金属氢氧化物。碱金属氢氧化物主要和油脂发生皂化反应制成肥皂,具有良好的水溶性。也有使用碱土金属的,但用其制备的肥皂(被称为金属皂)难溶于水,一般不作洗涤剂,只作涂料的催干剂和乳化剂。

为了拓宽肥皂用途,可加入助洗剂、着色剂、香料、防腐剂、抗氧化剂、发泡剂、硬化剂、黏稠剂、界面活性剂等制成具有特殊用途的肥皂。

利用油脂制备肥皂的基本原理如下式所示:

$$\begin{matrix} CH_2OCOR^1 \\ | \\ CHOCOR^2 \\ | \\ CH_2OCOR^3 \end{matrix} + NaOH \xrightarrow{H_2O} \begin{matrix} CH_2OH \\ | \\ CHOH \\ | \\ CH_2OH \end{matrix} + \begin{matrix} R^1COONa \\ \\ R^2COONa \\ \\ R^3COONa \end{matrix}$$

三、仪器与试剂

主要仪器:磁力加热搅拌器、烧杯、温度计、量筒等。
主要试剂:牛油、植物油、椰子油、氢氧化钠、甘油、95%乙醇、蔗糖等。

四、试剂主要物理常数

试剂名称	分子量	熔点/℃	沸点/℃	密度/g·cm⁻³	水溶解性
牛油		40~46			难溶于水
椰子油		24~27		0.8354	难溶于水
甘油	92.09	17.8	290.9	1.263~1.303	任意比混溶
氢氧化钠	40.0	318.4	1390	2.130	极易溶于水
乙醇	46.07	−114	78	0.789	任意比混溶
蔗糖	342.3			1.587	易溶于水

五、实验步骤

1. 普通肥皂的制备

1）肥皂的合成

在 100 mL 烧杯中加入 30 mL 水和 3 g 氢氧化钠，搅拌溶解备用。

称取 20 g 牛油和 8 mL 植物油加入 250 mL 烧杯中，用热水浴加热使油脂熔化。搅拌下将上述碱液慢慢加入油脂中，然后置入沸水浴中加热进行皂化（如果反应很慢，可以加入少量的乙醇）。在皂化过程中要经常搅拌，直至反应混合物从搅拌棒上流下时形成线状并在棒上很快凝固为止（由于反应原料油脂不溶于水，产物甘油和脂肪酸钠溶于水，因此也可以取少量反应混合物滴入清水中），如果能完全溶解，则反应已达终点；如有不溶物，则未皂化完全，需继续皂化。反应时间约需 2~3 h。反应完毕后，将产物倾入模具中（或留在烧杯内）成型，冷却即成为肥皂。

2）肥皂的精制

本实验制得的产品是含有甘油的粗肥皂。实际生产中要分离甘油，可在皂化反应完成后保温并在剧烈搅拌下向装有肥皂的烧杯中加入 28 mL 热的饱和氯化钠溶液进行盐析，搅拌均匀后撤出水浴，自然冷却分层，待分层清晰后（一般要等一夜时间），过滤分离固液，将固体部分进行挤压、切块、打印、干燥等机械加工操作，就成为可供应市场的产品。固液分离后的滤液，可减压分馏回收甘油。

2. 软肥皂的制备

在 100 mL 烧杯中加入 4.5 g 氢氧化钠和 25 mL 水，搅拌溶解，放置备用。

在另一 250 mL 烧杯中加入 21.5 g 菜籽油或豆油，在水浴下搅拌，当温度达到 80 ℃后，在搅拌下缓慢加入上述氢氧化钠溶液。加完氢氧化钠溶液后，向此体系中加入 3 mL 95%乙醇，然后保温 80 ℃至反应终点（反应后期可每隔一段时间取少量反应混合物滴入清水中检验）。反应时间需 2~3 h。到反应终点后加水至反应混合物总质量达到 50 g，混合均匀后出料。所得到的产品为黄白色透明的软块。软肥皂主要用于配制液体清洁液或作为液体合成洗涤剂的消泡剂。

3. 透明皂的制备

在 250 mL 烧杯中加入 10 g 牛油、10 g 椰子油和 8 g 蓖麻油，水浴加热至 80 ℃使油脂混合物熔化。搅拌下快速加入 17 mL 30%氢氧化钠溶液和 6 mL 95%乙醇的混合液。然后在 80 ℃水浴下保温，并在搅拌下皂化，到达终点后停止加热。在搅拌下加入 2.5 g甘油和 5 g 蔗糖与 5 mL 水配成的预热至 80 ℃的溶液，搅拌均匀后自然冷却降温。当温度降到 60 ℃时，加入适当香料，搅匀后出料，装入模具，冷却成型，即得透明皂。配方中的乙醇、甘油和蔗糖可使产品透明、光滑、美观，且甘油还是一种保湿剂，可作为皮肤清洁用品。

4. 透明香皂的制备

按照透明皂的方法完成皂化反应后，加入适量保湿剂甘油，待混合均匀后冷却，当降温到 60 ℃时，加入适量香料、色素、防腐剂等，并混合均匀，然后转入模具中，冷却成型后即得透明香皂。

5. 药皂的制备

在制备透明皂的过程中，当皂化完成后添加了适量保湿剂甘油后，待混合均匀，降温到 60 ℃时，加入适量苯酚、硼酸或其他有杀菌效力的药物，混合均匀，再倒入模具冷却成型，即可得具有杀菌消毒作用的药皂。

六、注意事项

（1）要注意准确判断皂化反应的终点。

（2）在皂化完成后应降温后再加入色素、香料等其他添加剂。

（3）精制肥皂时，加入饱和氯化钠溶液后，需等待足够时间待分层清晰后，再分离固液。

七、思考题

（1）制作肥皂时加入乙醇的作用是什么？为什么？

（2）制作肥皂时如何判断皂化反应的终点？

（3）制作透明皂时的保湿剂是什么？

（4）制作透明皂时加入乙醇、蔗糖和甘油的作用分别是什么？

实验二　几种洗涤剂的配制

一、实验目的

（1）了解洗涤剂的发展历程。

（2）熟悉洗涤剂结构及除污机理。

（3）熟悉洗涤剂的组成和各组分的特点。

（4）学习几种洗涤剂的配制方法。

二、实验原理

1890 年，一个叫克拉夫特的德国化学家发现有些物质与肥皂有着相同的性质。1913

年，比利时化学家赖歇勒尔经过细心研究，得出一个结论：长链烷磺酸的盐可以当作洗涤剂，而且在酸存在的条件下，其性质比肥皂还稳定。没多久英国科学家马丁和麦克贝恩开发出各种磺酸盐和别的有烃分子长链的合成物质制成的洗涤用品。刚好当时是"一战"时期，由于协约国的封锁，德国境内天然油脂严重缺乏，贡特尔和黑策尔两位化学家研制出新的洗涤剂并进行批量生产，解决了德国的燃眉之急。再加上 20 世纪 20 年代皮革工业和染料工业的迅速发展，肥皂的两个缺点日益突出：其一，它的泡沫会被酸消除；其二，它在硬水溶液中易产生絮状沉淀或泥泞的渣滓，这些缺点在皮革生产中严重地影响了皮革的质量，因此急需不同于肥皂的洗涤用品。这种需求大大促进了洗涤剂的发展。1929 年，德国化学家克赖斯突发奇想在洗涤剂中添加微量荧光剂使纺织品变得亮起来，更是使洗涤剂应用日益广泛。

因此洗涤剂就是按配方制备的有去污、洗净性能且有别于以传统天然油脂为原料的肥皂的一类产品，也称为合成洗涤剂。

洗涤剂分子结构包括亲水基和亲油基两部分，亲油基可与油类物质相溶，亲水基可与水相溶，当亲油基与污垢相溶后由于亲水基与水的相溶而将污垢带入水中，于是将污垢从衣服上洗去。此过程可分为三个步骤：

（1）洗涤溶液润湿织物表面。进行洗涤前，将待洗涤的衣物等在洗涤液中浸泡一段时间，使黏附污物的物体表面被洗涤液润湿，同时洗涤剂大分子进入纤维之间和纤维内部。

（2）洗涤溶液润湿污垢。洗涤溶液在润湿被洗涤物的同时也润湿污垢，即表面活性剂分子在静电作用下包围在污垢的周围，使污垢与被洗涤物的接触面积逐渐变小，最终使其脱离。为促进这一过程，一般需外力作用协助，比如手洗时需手搓，机洗时需洗衣机搅拌。

（3）分散和乳化。洗脱下来的污垢粒子在洗涤液中在机械作用下变得更细碎，同时被洗涤剂中表面活性剂分子所包围和覆盖，成为乳液混于水中，处于细微分散状态，即使污垢粒子再次碰撞，也不会重新聚集，而是随着漂洗的进行，随洗涤液被带走除去。

洗涤剂有多种分类方式，按物理状态可分为粉状、液体状、块状、膏状、球状、乳化状及凝胶状等；按使用领域又分为工业洗涤剂、公共设施洗涤剂和家用洗涤剂，家用洗涤剂又分为衣用、发用、厨房用洗涤剂；按污垢洗涤难易程度又分为重垢洗涤剂、轻垢洗涤剂和通用洗涤剂等；按所用表面活性剂分类又分为阳离子型、阴离子型、两性离子型、非离子型和复合型洗涤剂等；按生物降解能力又分为软性洗涤剂（可生物降解）和硬性洗涤剂（难生物降解）；按照泡沫高低可分为高泡型、抑泡型、低泡型和无泡型洗涤剂。

洗涤剂通常由主要部分和辅助部分两大部分组成。主要部分指的是表面活性剂，具有润湿、乳化、分散、增溶、洗涤、发泡、消泡、杀菌、柔软、抗静电等作用，用作洗涤用品的表面活性剂必须水溶性、油溶性均较好，即亲水基团和疏水基团基本平衡，还有就是对人体安全，对鱼等水体生物无害，易生物降解，不污染环境等。

辅助部分就是在洗涤过程中可明显提高洗涤性能，且降低表面活性剂用量的一类物质，可提高去污、分散、乳化、增溶、软化硬水能力，还可提高泡沫稳定性，抗结块，防止刺激皮肤等，该部分一般占洗涤剂的 15% ~ 40%。辅助部分主要包括助洗剂（磷酸盐、硅酸钠、硫酸钠、合成沸石等）、漂白剂（过硫酸钠、过硼酸钠等）、抗沉淀剂（羧甲基纤维素等）、酶制剂（纤维素酶、淀粉酶、蛋白酶等）、荧光增白剂、增稠剂（氯化钠、羧乙基纤维素等）、柔软剂、抗静电剂、杀菌剂、色素和香料等。

本实验就介绍通用型洗衣粉、强力中泡洗衣液（轻垢型）、餐具洗涤剂、金属清洗剂、免水洗手膏等几种简单洗涤剂的配制方法。

配制通用型洗衣粉时，30%十二烷基苯磺酸钠溶液为主要部分，即表面活性剂，主要起洗涤、去污等作用；三聚磷酸钠是助洗剂，可与金属离子络合起金属离子螯合剂的作用，避免其使表面活性剂失效；硅酸钠溶液又称为水玻璃，起水质软化剂、助沉剂的作用；碳酸钠可水解油污，起到增强去污力的效果；过碳酸钠可增强去污能力，还起到漂白杀菌的作用；羧甲基纤维素（CMC）起抗沉淀剂的作用。

配制强力中泡洗衣液（轻垢型）时，30%十二烷基苯磺酸钠溶液和脂肪醇聚氧乙烯醚硫酸钠（AES）为主要部分，即表面活性剂，主要起洗涤、去污等作用；椰子油酰二乙醇胺起增稠和稳泡作用；EDTA 钠盐、三聚磷酸钠均可与金属离子络合，起金属离子螯合剂的作用；氯化钠起增稠剂的作用；40%甲醛水溶液起防腐剂的作用。

配制餐具洗涤剂时，十二烷基苯磺酸钠溶液和脂肪醇聚氧乙烯醚硫酸钠起表面活性剂的洗涤、去污等作用；月桂酰二乙醇胺起洗涤剂、稳泡剂和缓蚀剂的作用；二甲苯磺酸钠为增溶剂、降黏剂。

配制金属清洗剂时，脂肪醇聚氧乙烯醚（平平加 O）和辛基苯基聚氧乙烯醚（OP-10）为表面活性剂，主要起洗涤、去污等作用；椰子油酰二乙醇胺起增稠和稳泡作用；油酸为抗静电剂、润滑软化剂，还可调节 pH 值；三乙醇胺可改进油性污垢，特别是增强了非极性皮脂的去除能力，还可通过提高碱性增强去污能力；亚硝酸钠可起到消毒杀菌作用，还可作防蚀剂。

配制免水洗手膏时，脂肪醇聚氧乙烯醚硫酸钠（AES）和脂肪醇聚氧乙烯醚（平平加 O）为主要部分，即表面活性剂，主要起洗涤、去污等作用；椰子油酰二乙醇胺起增稠和稳泡作用；甘油主要起润湿剂的作用，也有洗涤助剂的作用，除甘油外丙二醇也有此作用；乙二胺酒石酸二钠为金属离子屏蔽剂，可络合金属离子避免其使表面活性剂失效，也可选择柠檬酸钠。合成沸石粉末（A 型）、黏土、二氧化硅（白炭黑）这三种填料主要起吸附携污、摩擦、增稠等作用。

三、仪器与试剂

主要仪器：磁力加热搅拌器、烧杯、玻璃棒、量筒等。

主要试剂：

（1）配制通用型洗衣粉时：30%十二烷基苯磺酸钠溶液、三聚磷酸钠、碳酸钠、40%硅酸钠溶液、羧甲基纤维素（CMC）、无水硫酸钠、过碳酸钠、荧光增白剂、水等。

（2）配制强力中泡洗衣液（轻垢型）时：30%十二烷基苯磺酸钠溶液、脂肪醇聚氧乙烯醚硫酸钠（AES）、椰子油酰二乙醇胺（净洗剂6501）、三聚磷酸钠、EDTA钠盐、氯化钠、40%甲醛水溶液、水、色素和香料等。

（3）配制餐具洗涤剂时：十二烷基苯磺酸钠、脂肪醇聚氧乙烯醚硫酸钠（AES）、月桂酰二乙醇胺、二甲苯磺酸钠、EDTA钠盐、40%甲醛水溶液、水及适量香料（柠檬醛或山苍子油）。

（4）配制金属清洗剂时：三乙醇胺、油酸、脂肪醇聚氧乙烯醚（平平加O）、辛基苯基聚氧乙烯醚（OP-10）、椰子油酰二乙醇胺（净洗剂6501）、水、亚硝酸钠等。

（5）配制免水洗手膏时：脂肪醇聚氧乙烯醚硫酸钠（AES）、脂肪醇聚氧乙烯醚（平平加O）、椰子油酰二乙醇胺（净洗剂6501）、乙二胺酒石酸二钠、合成沸石粉末（A型）、黏土、二氧化硅（白炭黑）、甘油、水等。

四、试剂主要物理常数

试剂名称	分子量	熔点/℃	沸点/℃	密度/g·cm^{-3}	水溶解性
十二烷基苯磺酸钠	348.48				易溶于水
三聚磷酸钠	367.86	622		0.35~0.9	易溶于水
碳酸钠	105.99	851		2.532	易溶于水
硅酸钠	284.2	1089		2.33	溶于水
羧甲基纤维素	240.21				可溶于水
硫酸钠	142.04	884		2.68	易溶于水
过碳酸钠	156.98			0.9	易溶于水
AES					易溶于水
净洗剂6501					
EDTA钠盐	336.21	252			可溶于水
氯化钠	58.44	801	1465	2.165	易溶于水
甲醛	30.03	-92	-19.5	1.067	易溶于水

续表

试剂名称	分子量	熔点/℃	沸点/℃	密度/g·cm⁻³	水溶解性
月桂酰二乙醇胺	287.44				
二甲苯磺酸钠	208.21	27	157	1.17	易溶于水
三乙醇胺	149.19	21.2	360	1.1242	难溶于水
油酸	282.47	13.4	350~360	0.891	不溶于水
平平加 O					易溶于水
亚硝酸钠	69.00	270		2.2	易溶于水
乙二胺酒石酸二钠					
OP-10					易溶于水
甘油	92.09	17.8	290.9	1.263~1.303	任意比混溶
二氧化硅	60.08	1650	2230	2.2	不溶于水

五、实验步骤

1. 通用型洗衣粉

在 250 mL 烧杯中加入 26 g 30%十二烷基苯磺酸钠溶液，然后在搅拌下加入 5 g 三聚磷酸钠，搅匀，再加入 1 g 碳酸钠，搅匀，再加入 5 g 40%硅酸钠溶液（也可使用 2 g 硅酸钠代替），搅匀，再加入 0.5 g 羧甲基纤维素，搅匀，再加入 14 g 无水硫酸钠，搅拌。待搅拌均匀后加入 1.5 g 过碳酸钠和 0.05 g 荧光增白剂，充分搅拌使成浆状，加料过程中可适当补充水分以保证混合物能顺利搅拌均匀。

待搅拌成均匀浆状后，将物料平铺在干净的玻璃表面或其他平面上低温干燥 24 h 以上，待干燥后将干物料铲起来，磨碎，过筛，即得产品。

该法即为湿混法，较为简单，适用于实验室配制，该法制得的产品含水量较大，适合于低温干燥的季节生产和使用。

2. 强力中泡洗衣液（轻垢型）

在 250 mL 烧杯中加入 61 mL 40~50 ℃ 的去离子水，水浴保温 40~50 ℃，在搅拌下加入 20 g 30%十二烷基苯磺酸钠溶液，混合均匀后再加入 10 g 脂肪醇聚氧乙烯醚硫酸钠，搅拌均匀。再加入 3 g 椰子油酰二乙醇胺，搅拌均匀，再在搅拌下加入 3 g 三聚磷酸钠。搅匀后再依次加入 0.5 g EDTA 钠盐和 1 g 氯化钠，每加一种原料混匀后再加下一种原料。搅拌均匀后将体系温度降到 40 ℃，再在此温度下依次加入 1.5 g 40%甲醛水溶液及适量色素和香料，充分混合均匀，自然冷却至室温，再静置消泡一段时间即得成品。

3. 餐具洗涤剂

在 250 mL 烧杯中加入 78 mL 40~50 ℃的去离子水，在此温度下水浴保温，在搅拌下加入 14 g 十二烷基苯磺酸钠，混合均匀后再加入 3 g 脂肪醇聚氧乙烯醚硫酸钠，搅拌均匀。再加入 2 g 月桂酰二乙醇胺，搅拌均匀。再在搅拌下加入 3 g 二甲苯磺酸钠，混匀后，加入 0.1 g EDTA 钠盐。搅拌均匀后将体系温度降到 40 ℃，再在此温度下依次加入 0.2 g 40%甲醛水溶液及适量香料，充分混合均匀，自然冷却至室温，再静置消泡一段时间即得成品。

4. 金属清洗剂

在 250 mL 烧杯中加入 55 mL 去离子水和 8.5 g 三乙醇胺，搅拌下加入 16.5 g 油酸，水浴加热至 60~70 ℃，搅拌反应至成透明溶液（约 20 min）。取样检查 pH 值，必要时补充加入适量油酸或三乙醇胺调节 pH 值至 7~8。自然冷却至 40 ℃左右，然后在搅拌下逐个加入 6.0 g 脂肪醇聚氧乙烯醚、3.0 g OP-10、6.0 g 椰子油酰二乙醇胺及 5.0 g 亚硝酸钠，每加一种原料混匀后再加下一种原料。搅拌均匀后，冷却至室温即得成品。

本产品基本呈中性，且加有防蚀剂亚硝酸钠，因此对工件没有腐蚀性，且具备一定的防锈作用。用本品洗涤金属无臭无味、无毒、安全，且价格较低。还有一个更廉价的配方就是：1 g OP-10、3.5 g 磷酸三钠、3 g 碳酸钠、2 g 水玻璃和 91 mL 水，操作类似。

使用时可将该产品用水稀释 25 倍，将待洗物浸入数分钟后再在表面做适当擦洗，即可去污，洗涤后需用清水冲洗干净，吹干。

5. 免水洗手膏

称取 16.0 g 脂肪醇聚氧乙烯醚硫酸钠、13 g 脂肪醇聚氧乙烯醚、5.0 g 椰子油酰二乙醇胺、2.0 g 甘油、0.2 g 乙二胺酒石酸二钠和 40 mL 去离子水在 250 mL 烧杯中混合均匀，溶解成浓溶液，然后加入 11 g 合成沸石粉末、11 g 黏土和 2.0 g 二氧化硅，慢慢搅拌成膏状（搅拌时要防止带入很多空气）。可视情况增加水或黏土等填料（如果过稀就加填料，如果过稠就加水），调至合适软硬度，装入广口容器即得成品。

该产品会跟皮肤接触，因此应选择对皮肤没有刺激性、无黏腻感、脱油去污力强的表面活性剂。

使用时挤出本品少量于有油污的手上，擦遍全手数次，用布或餐巾纸擦拭，即可将油污除尽，用水冲洗布，即能冲洗干净。

六、注意事项

（1）加料时需等到前一种原料搅拌混匀后再加入下一种原料。

（2）配制通用型洗衣粉时需要根据情况适当补充水分，并搅拌均匀成浆状后再在平面上低温烘干。

（3）配制强力中泡洗衣液（轻垢型）和餐具洗涤剂时，需等到温度下降到 40 ℃时再加入甲醛溶液、色素等。

（4）配制免水洗手膏时，搅拌需缓慢以防止带入很多空气。

七、思考题

（1）请简述洗涤剂的去污过程。

（2）请分别介绍配制通用型洗衣粉、强力中泡洗衣液（轻垢型）、餐具洗涤剂、金属清洗剂、免水洗手膏等几种洗涤剂时各组分的作用。

（3）请简要介绍洗涤剂的主要部分和辅助部分的作用分别是什么？

（4）配制免水洗手膏时，选择表面活性剂应有什么要求呢？

（5）金属清洗剂具有什么特点呢？

第十一章　医药及中间体

医药是预防、治疗或诊断人类和牲畜疾病的物质或制剂，也可以是减少痛苦、增进健康或增强机体对疾病的抵抗力或帮助诊断疾病的物质。药物按来源分天然药物和合成药物。

从古到今，医药有悠久的发展历史。远古时代，人们为了生存，从生活经验中得知某些天然物质可以治疗疾病与伤痛，这是药物的源始。随着人类的进化，开始有目的地寻找防治疾病的药物和方法。此后，在宗教迷信及封建君王寻求享乐与长寿的过程中，药物也有所发展。但更多的是将民间医药实践经验的累积和流传集成本草，这在我国及埃及、希腊、印度等均有记载，例如在公元 1 世纪前后我国的《神农本草经》及埃及的《埃伯斯医药籍》等。

我国的东汉末年，"外科鼻祖"华佗创制了麻醉剂"麻沸散"，开创了麻醉药用于外科手术的先河，较西医的麻醉药提早了 1600 多年。我国明朝李时珍的《本草纲目》在药物发展史上有巨大贡献，是我国传统医学的经典著作，全书共 52 卷，约 190 万字，收载药物 1892 种，插图 1160 帧，药方 11000 余条，是现今研究中药的必读书籍。这部史作自 1593 年起先后被翻译成日、法、英、德、俄等多国文字，在世界上广泛传播，产生了深远的影响。

文艺复兴后，人们的思维开始摆脱宗教束缚，认为事各有因，只要客观观察都可以认识。瑞士医生 Paracelsus（1493—1541 年）批判了古希腊医生 Galen 恶液质唯心学说，结束了医学史上 1500 余年的黑暗时代。后来英国解剖学家 Harvey（1578—1657 年）发现了血液循环，开创了实验药理学新纪元。意大利生理学家 Fontana（1720—1805 年）通过动物实验对千余种药物进行了毒性测试，得出天然药物都有其活性成分，选择作用于机体某个部位而引起典型反应的客观结论。这一结论以后为德国化学家 Serturner（1783—1841 年）首先从罂粟中分离提纯吗啡所证实。

18 世纪后期，英国工业革命开始，不仅促进了工业生产，也带动了自然科学的发展。其中，有机化学的发展为药理学提供了物质基础，从植物药中不断提纯其活性成分，得到纯度较高的药物，如依米丁、士的宁、可卡因等。

19 世纪中叶，制药行业从医疗事业的边缘进入了医疗事业的核心，并成为全球的工业行业。药剂师在实验室开始成批生产当时常用的药品，如吗啡、奎宁、马钱子碱等。1880年，当时的染料企业和化工厂开始建立实验室研究并开发新的药物。合成化学和药理学的应用，特别是对化合物适应证的研究，使得制药行业得到了长足的发展。19 世纪末，有的染料工业和化学工业合并成为制药工业，并有科学家开始研究药物的构效理论，新生的制药企业研究方向是鉴别和制备合成药物，研究其在治疗方面的作用。当时研究染料、免疫抗体及其他生理活性物质，以了解它们对于致病菌的作用。1906 年，Paul Ehrlich 发现有的合成化合物可以选择性地杀死寄生虫、病菌和其他致病菌，从而导致了大规模的工业研究，延续至今。

19 世纪初，化学家就已经能够从植物中提取和浓缩有效成分，用于治疗目的，如吗啡和奎宁。20 世纪初，用类似的方法从动物体内提取有效成分，如肾上腺素，应该说这是第一种用于治疗目的的激素。当时，人们已经学会从焦炭中提取染料，并且通过染色杀死细菌，这已经可以从显微镜的观察中得到证实。化学家很快对于这些染料进行了结构改进，包括其副产物，使新的化合物更有效。合成化学在这时候得到了快速的发展，很多产品至今仍然得到广泛的应用，如泰诺、百服宁、白加黑等药品中使用的对乙酰氨基酚（扑热息痛），它是 N-乙酰苯胺和非那西丁的活性代谢产物。1914 年，德国微生物学家 Ehrlich 从近千种有机砷化合物中筛选出对梅毒治疗有效的新胂凡纳明。

20 世纪 30 年代到 60 年代是制药行业的黄金时代，在这段时间发明了大量的药物，包括合成维生素、磺胺类药物、抗生素、激素（甲状腺素、催产素可的松类药物等）、抗精神病药物、抗组胺药物和新的疫苗等，其中有很多是全新的药物种类。在这期间，婴儿的死亡率下降了 50% 以上，儿童因为感染而死亡的病例下降了 90%。很多过去无法治疗的疾病，如肺结核、白喉、肺炎都可以得到治愈，这在人类历史上也是破天荒。

分析化学和仪器分析技术的长足发展，化学家可以更科学地解释构效理论，了解化学结构和生物活性之间的关系，这导致了很多新药的产生。战争的到来也加速了药物的研发，出现了比较多的影响巨大的新药，如抗疟疾药物、可的松，特别是青霉素。"二战"后，科学技术的进步使许多前所未有的新药也进入人们的视线，如抗生素、抗癌药、抗精神病药、抗高血压药、抗组胺药、抗肾上腺素药等。

20 世纪 60 年代到 80 年代，新化合物的发现和早期试验使得一批新产品问世，而且在科学上已经有可能选择性地阻滞生理过程、治疗疾病。特别在心血管药物方面出现了 20 世纪 60 年代以普萘洛尔为代表的倍他阻滞剂；20 世纪 70—80 年代以卡托普利为代表的 ACE 抑制剂和以硝苯吡啶为代表的钙拮抗剂，以及一些降脂药物；不良反应比较少的新安眠药、抗抑郁药物、抗组胺药物；以布洛芬为代表的非甾体解热镇痛药；口服避孕药；抗癌药物；以多巴胺为代表的治疗帕金森氏综合征药物；治疗哮喘的药物等。

随着人们对药物使用的增加，几次安全事故的出现使药物的安全性得到重视。1938

年，美国的食品药品化妆品法得到通过。1962 年，美国国会又通过了 FDA 食品药品化妆品法的 Kefauver-Harris 补充法规。世界各国也相继出台了很多相关法规，使药物向更安全的方向发展，进入一个新的时代。

目前医药及中间体种类众多，本章就简单介绍几种药物及中间体的制备。

实验一 乙酰水杨酸（阿司匹林）的制备

一、实验目的

（1）学习用乙酸酐作酰基化试剂酰化水杨酸制备乙酰水杨酸的方法。
（2）巩固重结晶、熔点测定、抽滤等基本操作。
（3）了解乙酰水杨酸的应用价值。

二、实验原理

乙酰水杨酸（阿司匹林）是一种白色结晶或结晶性粉末，无臭或微带醋酸臭，微溶于水，易溶于乙醇，可溶于乙醚、氯仿，水溶液呈酸性。阿司匹林是一种有效的解热止痛、治疗感冒的药物，至今仍广泛使用。

18 世纪，人们从柳树皮中提取了水杨酸，它可以作为止痛、退热和抗炎药，不过对肠胃刺激作用较大。1853 年，夏尔·弗雷德里克·热拉尔就用水杨酸与乙酸酐合成了乙酰水杨酸，但没能引起人们的重视。1897 年，德国化学家费利克斯·霍夫曼又进行了合成，并用来为他父亲治疗风湿关节炎，疗效极好。

阿司匹林于 1898 年上市，发现它还具有抗血小板凝聚的作用，于是重新引起了人们极大的兴趣。将阿司匹林及其他水杨酸衍生物与聚乙烯醇、醋酸纤维素等含羟基聚合物进行熔融酯化，使其高分子化，所得产物的抗炎性和解热止痛性比游离的阿司匹林更为长效。1899 年，由德莱塞将其介绍到临床，并取名为阿司匹林。

到 2015 年为止，阿司匹林已应用百年，成为医药史上三大经典药物之一，至今它仍是世界上应用最广泛的解热、镇痛和抗炎药，也是作为比较和评价其他药物的标准制剂。此外，它在体内具有抗血栓的作用，能抑制血小板的释放反应，抑制血小板的聚集，临床上用于预防心脑血管疾病的发作。

通常阿司匹林是由水杨酸与乙酸酐在浓硫酸催化下作用得到，如果水杨酸与过量甲醇反应，就得到水杨酸甲酯（冬青油的主要成分）。

以水杨酸和乙酸酐为原料制备阿司匹林的主反应式为：

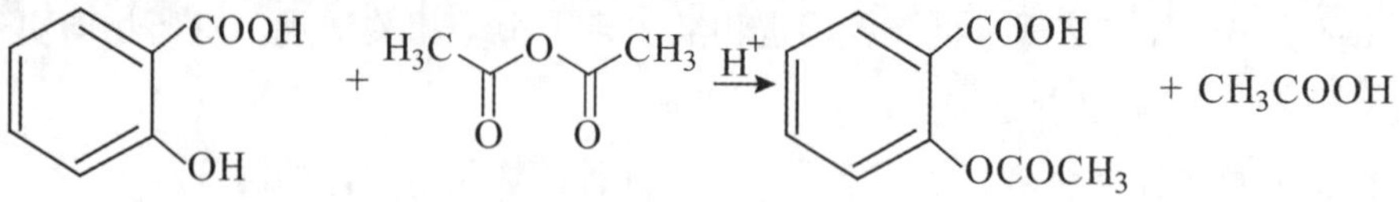

可能的副反应即生成少量的聚合物：

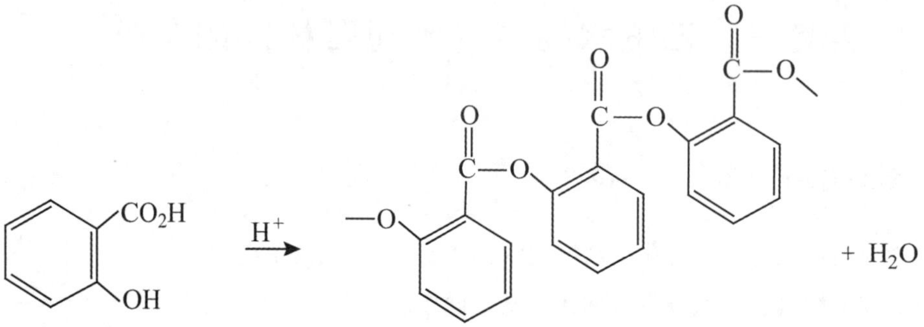

最后产物中的杂质可能有未反应的或产物处理过程中水解产生的水杨酸和副产物聚合物。聚合物不能溶于碳酸氢钠，乙酰水杨酸能与碳酸氢钠形成水溶性钠盐；水杨酸在水中的溶解度大大高于乙酰水杨酸的，通过重结晶可除去杂质。

水杨酸含酚羟基，可与三氯化铁溶液形成深色络合物，乙酰水杨酸不含酚羟基，则不与三氯化铁溶液反应，因此可以用三氯化铁溶液检验水杨酸杂质。

三、仪器与试剂

主要仪器：烧杯、玻璃棒、磁力加热搅拌器、广口锥形瓶、热滤漏斗、水循环真空泵等。

主要试剂：水杨酸（AR）、乙酸酐（AR）、浓硫酸（AR）、饱和碳酸氢钠溶液、浓盐酸（AR）和1%三氯化铁溶液等。

四、试剂主要物理常数

试剂名称	分子量	熔点/℃	沸点/℃	密度/g·cm^{-3}	水溶解性
水杨酸	138.12	158~161			微溶于水
乙酸酐	102.09	-73.1	39.8	1.08	可溶于水
乙酰水杨酸	180.17	136~140	321.4		微溶于水
碳酸氢钠	84.01	270		2.159	可溶于水
三氯化铁	162.20	306		2.90	易溶于水

五、装置图

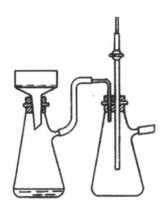

图 11.1　抽滤装置

六、实验步骤

（1）在 125 mL 锥形瓶中加入 2 g 水杨酸、5 mL 乙酸酐和 5 滴浓硫酸，旋摇振荡锥形瓶使水杨酸全部溶解后，在水浴温度 85~90 ℃下加热 5~10 min。

（2）冷却至室温，即有乙酰水杨酸晶体析出；若不析出则用玻璃棒摩擦瓶壁，并将反应物置于冷水浴或冰水浴中冷却。

（3）待晶体出现后，加入 50 mL 水，搅匀，然后自然冷却结晶至结晶完全（如有必要可放在冷水浴或冰水浴中冷却促进结晶）。

（4）待结晶完全，减压抽滤得到晶体，并每次用少量冷水洗涤结晶 2~3 次，抽干后在空气中风干或在烘箱中烘干。

（5）重结晶提纯：将粗产物转移到 250 mL 烧杯中，加入 25 mL 饱和碳酸氢钠溶液，加完后搅拌至无二氧化碳气泡产生，抽滤，并用 5~10 mL 水冲洗滤饼。

（6）合并滤液，倒入用 4 mL 浓盐酸和 10 mL 水配成溶液的烧杯中，搅拌均匀，乙酰水杨酸晶体即析出，待结晶完全，抽滤，用少量冷水洗涤滤饼 2~3 次，转移到表面皿上，在烘箱中烘干。

（7）检验：可取少量产品溶于水中，然后向此溶液中加入 1~2 滴 1%三氯化铁溶液，观察有无颜色变化，若有深色物质出现，则含水杨酸；若无，则不含水杨酸。

七、注意事项

（1）药品应规范量取，顺序加入，尤其是浓硫酸应最后加入。

（2）药品取完后应及时盖上盖子。

（3）磁力加热搅拌器中注意要添加足量的水，保证水浴效果及仪器的安全，不要将水撒到搅拌器内的线路上，若桌面上有水，应及时擦干净。

（4）注意取用浓盐酸及其他挥发性药品时必须在通风橱中进行，不要随便移出。

（5）最终产品阿司匹林要及时烘干称重，回收到相应回收瓶中，不应随便丢弃。

八、思考题

（1）水杨酸与乙酸酐的反应过程中，浓硫酸的作用是什么？

（2）在浓硫酸存在下，水杨酸与乙醇作用将得到什么产物？写出反应方程式。

（3）本实验中可产生什么副产物？加水的目的是什么？

（4）通过什么样的简便方法可以鉴定出阿司匹林是否变质？

（5）结合本实验说明一下混合溶剂重结晶的方法是什么？

实验二　对氨基苯甲酸的制备

一、实验目的

（1）熟悉制备对氨基苯甲酸的原理和方法。

（2）熟练掌握回流装置的安装和使用。

（3）熟练掌握真空泵的使用方法。

（4）了解并掌握红外光谱的制备和分析方法。

二、实验原理

1. 对氨基苯甲酸的用途

对氨基苯甲酸又称 PABA，是机体细胞生长和分裂所必需的物质维生素 B10（叶酸）的组成部分之一。细菌将 PABA 作为组分之一合成叶酸，磺胺药物则具有抑制这种合成的作用。对氨基苯甲酸在酵母、肝脏、麸皮、麦芽中含量甚高，它可用于染料和医药中间体。对氨基苯甲酸是无色针状晶体，在空气中或光照下变为浅黄色，具有中等毒性，刺激皮肤及黏膜。对氨基苯甲酸易溶于热水、乙醚、乙酸乙酯、乙醇和冰醋酸，难溶于冷水、苯，不溶于石油醚。

2. 对氨基苯甲酸合成涉及的三个反应

（1）将对甲苯胺用乙酸酐处理变为相应酰胺，此酰胺比较稳定，这样可以在高锰酸钾氧化反应中保护氨基，避免氨基被氧化。

（2）高锰酸钾将对甲基乙酰苯胺中的甲基氧化成相应的羧基；由于反应中会产生氢氧根离子，故要加入少量硫酸镁作缓冲剂，避免碱性太强而使酰基发生水解；反应产物羧酸盐经酸化后得到羧酸，能从溶液中析出。

（3）水解除去起保护作用的乙酰基，在稀酸溶液中很容易进行。

3. 合成对氨基苯甲酸的反应式

$$p\text{-}CH_3H_6H_4NH_2 \xrightarrow[CH_3CO_2Na]{(CH_3CO)_2O} p\text{-}CH_3C_6H_4NHCOCH_3 + CH_3CO_2H$$

$$p\text{-}CH_3C_6H_4NHCOCH_3 + 2KMnO_4 \longrightarrow p\text{-}CH_3CONHC_6H_4CO_2K + 2MnO_2 + H_2O + KOH$$

$$p\text{-}CH_3CONHC_6H_4CO_2K + H^+ \longrightarrow p\text{-}CH_3CONHC_6H_4CO_2H$$

$$p\text{-}CH_3CONHC_6H_4CO_2H + H_2O \longrightarrow p\text{-}NH_2C_6H_4CO_2H + CH_3CO_2H$$

三、仪器与试剂

主要仪器：圆底烧瓶、温度计、回流冷凝管、烧杯、锥形瓶、酒精灯、铁架台、布什漏斗、水循环真空泵、磁力加热搅拌器、抽滤瓶等。

主要试剂：对甲苯胺（AR）、乙酸酐（AR）、结晶醋酸钠（$CH_3COONa \cdot 3H_2O$）（AR）、高锰酸钾（AR）、硫酸镁晶体（$MgSO_4 \cdot 7H_2O$）（AR）、乙醇（AR）、盐酸（AR）、硫酸（AR）、氨水（AR）等。

四、试剂主要物理常数

试剂名称	分子量	熔点/℃	沸点/℃	密度/$g \cdot cm^{-3}$	水溶解性
乙酸酐	102.09	−73.1	139.8	1.08	可溶于水
对甲苯胺	107.15	43~45	200~202	0.962	微溶于水
乙酸钠晶体	136.08	58	>400	1.45	易溶于水
对甲基乙酰苯胺	149.19	148~151	307	1.212	微溶于水
硫酸镁晶体	246.47	1124		1.68	易溶于水
高锰酸钾	158.03	240		1.01	溶于水
对乙酰氨基苯甲酸	9.17	259~262	439.6	1.326	难溶于水
对氨基苯甲酸	137.14	187~188		1.374	微溶于水

五、装置图

图 11.2　反应装置

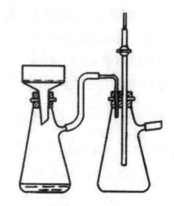

图 11.3　抽滤装置

六、实验步骤

1. 对甲基乙酰苯胺的合成

在 250 mL 烧杯中加入 3.8 g（0.0355 mol）对甲基苯胺，88 mL 水，3.8 mL 浓盐酸，必要时水浴温热，使之溶解；若颜色较深，则可加少量活性炭脱色后过滤；同时配制 6 g 醋酸钠晶体于 10 mL 水中的溶液，必要时，温热使固体溶解。

将脱色后的盐酸对甲基苯胺溶液加热至 50 ℃，加入 4 mL（0.0423 mol）乙酸酐，然后马上加入配制好的醋酸钠溶液，充分搅拌后，将混合溶液置于冰水浴中冷却，即析出对甲基乙酰苯胺白色固体，抽滤，并用少量水洗涤滤饼。

2. 对乙酰氨基苯甲酸的合成

在 400 mL 烧杯中加入上述制得的对甲基乙酰苯胺、10 g 硫酸镁晶体和 175 mL 水，将混合物水浴加热到约 85 ℃；制备 10.3 g（0.0652 mol）高锰酸钾溶于约 35 mL 沸水的溶液中；

充分搅拌下将高锰酸钾溶液在 30 min 内分批加到对甲基乙酰苯胺的混合物中，以免氧化剂局部浓度过高破坏产物，加完后继续在 85 ℃下搅拌 15 min，混合物变深棕色；趁热抽滤除去二氧化锰沉淀，并用少量热水洗涤二氧化锰；若滤液呈紫色，可加入 2~3 mL 乙醇，煮沸直至紫色消失，将滤液再抽滤一次。

冷却滤液，加 20% 硫酸酸化至溶液显酸性，出现白色固体，抽滤压干，湿产品可直接用于下一步操作。

3. 对氨基苯甲酸的制备

称量上一步得到的湿的对乙酰氨基苯甲酸的重量，并按照每克湿产物 5 mL 18% 盐酸的量计算盐酸用量。然后将湿的对乙酰氨基苯甲酸和 18% 的盐酸加入圆底烧瓶中，按照图 11.2 安装好装置，在石棉网上小火缓慢回流 30 min，然后停止加热。

待反应液稍冷，转移到 250 mL 烧杯中，加入 15 mL 冷水，然后用 10% 氨水调节 pH 值至出现大量固体（调节 pH 值的过程中，随氨水的加入，会出现固体先逐渐溶解然后到接近终点时忽然出现大量固体的现象，终点在 pH = 4 左右），氨水切勿过量，待结晶完全，抽滤，烘干，称重，并扫描其红外光谱。

七、注意事项

（1）药品应规范量取，顺序加入。

（2）药品取完后应及时盖上盖子。

（3）磁力加热搅拌器中注意要添加足量的水，保证水浴效果及仪器的安全，不要将水洒到搅拌器内的线路上，若桌面上有水，应及时擦干净。

（4）注意取用浓盐酸、氨水及其他挥发性药品时必须在通风橱中进行，不要随便移出。

（5）酒精灯中的酒精加入量必须符合要求，不要加多了。

（6）要按要求安装装置。

（7）抽滤时要注意操作规范及注意事项。

（8）对氨基苯甲酸产品烘干后，要称重并回收到规定容器中，废液也应倒入相应废液缸中。

八、思考题

（1）对甲苯胺用乙酸酐乙酰化的反应中加入乙酸钠的目的是什么？

（2）对甲基乙酰苯胺用高锰酸钾氧化时，为何要加入硫酸镁晶体？

（3）在氧化步骤中，若滤液呈紫色，需加入少量乙醇煮沸，发生了什么反应？

（4）在最后水解步骤中，用氢氧化钠溶液代替氨水中和，可以吗？为什么？

实验三　从茶叶中提取咖啡因

一、实验目的

（1）学习生物碱提取的原理和方法。

（2）掌握索氏提取器的使用方法。

（3）复习蒸馏装置的安装和使用。

二、实验原理

1. 咖啡因的来历和用途

咖啡因是一种黄嘌呤生物碱化合物，具有刺激心脏、兴奋大脑神经和利尿等作用。咖啡因主要用作中枢神经兴奋药，是一种中枢神经兴奋剂，能够暂时地驱走睡意并恢复精力，临床上用于治疗神经衰弱和昏迷复苏，它也是复方阿司匹林 APC（阿司匹林-非那西丁-咖啡因）等药物的组分之一。咖啡和感冒药等都含有大量的咖啡因，但大剂量长期服用也会成瘾。有咖啡因成分的咖啡、茶、软饮料及能量饮料十分畅销，因此，咖啡因也是世界上最普遍被使用的精神药品。

咖啡因是一种植物生物碱，在许多植物中都能够被发现。作为自然杀虫剂，它能使吞食含咖啡因植物的昆虫麻痹。人类最常使用的含咖啡因的植物包括咖啡、茶及一些可可，尤其是茶叶。其他不经常使用的包括一些被用来制茶或能量饮料的巴拉圭冬青和瓜拉那树。

茶叶中含有多种生物碱，其中以咖啡因为主，占 1%～5%，丹宁酸占 11%～12%，色素、纤维素、蛋白质等约占 0.6%。咖啡因（图 11.5）是杂环化合物嘌呤（图 11.4）的衍生物，其化学名称为 1，3，7-三甲基-2，6-二氧嘌呤。

图 11.4　嘌呤　　　图 11.5　咖啡因

咖啡因是弱碱性化合物，易溶于氯仿、水、乙醇及热苯等。含有结晶水的咖啡因是无色针状结晶，味苦，能溶于水、乙醇、丙酮、氯仿等，微溶于石油醚。咖啡因在 100 ℃时失去结晶水并开始升华，120 ℃时升华相当显著，178 ℃时升华很快。

2. 咖啡因的提取方法

咖啡因可溶于热水，易溶于有机溶剂中，因此可以用有机溶剂从茶叶中提取。所以从茶叶中提取咖啡因，通常需选用适当的溶剂（氯仿、乙醇、苯等）进行提取。所选溶剂应满足的条件：①咖啡因易溶于该溶剂中；②杂质不溶于该溶剂或不易溶于该溶剂；③溶剂要易回收。所以我们选择乙醇，当然水也可以，但不易后处理。

通常的提取过程包括：①浸泡；②分散到溶剂中（因为细胞内外咖啡因有浓度差，则咖啡因会从内部析出进入溶液中）；③回收溶剂；④获得产品；⑤提纯。

本实验选择在索氏提取器中连续抽提，然后浓缩而得到粗咖啡因，再升华得到较纯的咖啡因。

因此本实验的步骤主要有：①提取；②浓缩回收溶剂；③水蒸气蒸干溶剂（获得粗产品）；④升华处理获得较纯针状晶体。

三、仪器与试剂

主要仪器：Soxhlet 提取器（可用恒压滴液漏斗代替）、回流冷凝管、直型水冷凝管、蒸馏头、真空接引管、烧杯、蒸发皿、长颈玻璃漏斗等。

主要试剂及原材料：茶叶、乙醇、石灰粉等。

四、试剂主要物理常数

试剂名称	分子量	熔点/℃	沸点/℃	密度/g·cm⁻³	水溶解性
乙醇	46.07	−114	78	0.789	与水任意比混溶
氧化钙	56.08	2572	2850	3.32~3.35	与水反应后产物微溶于水
咖啡因	194.19	238		1.23	可溶于水

五、装置图

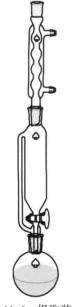

图 11.6 提取装置

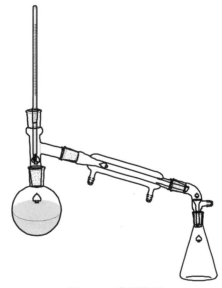

图 11.7 蒸馏装置

六、实验步骤

1. 提取

称取 5 g 茶叶放入恒压漏斗中，在圆底烧瓶中加入 60 mL 乙醇和 2~3 粒沸石，按照图 11.6 装好装置，加热回流提取，直到提取液颜色较浅时为止，立即停止加热。

2. 浓缩

稍冷后按照图 11.7 改成蒸馏装置，并补加沸石，蒸馏回收提取液中的大部分乙醇。

3. 继续浓缩

将残液倾倒入蒸发皿中，拌入 1~1.5 g 生石灰粉，与萃取液拌和成茶砂（生石灰可吸收掉残留的水，并和丹宁酸等酸性物质反应排除其干扰，提供碱性环境使咖啡因游离出来），在蒸汽浴上蒸干并研磨成粉状（不断搅拌，压碎块状物），最后将蒸发皿移至石棉网上用酒精灯焙烧片刻，务必使水分全部除去。冷却后，擦去沾在边上的粉末，以免升华时污染产物。

4. 升华提纯

在上述蒸发皿上盖一张刺有许多小孔且孔刺向下的滤纸，再在滤纸上罩一玻璃漏斗（漏斗的长颈处塞一团棉花）；小火加热升华。当滤纸变黄或有棕色烟雾出现或有白色毛状结晶时，暂停加热，冷却至 100 ℃左右，揭开漏斗和滤纸，仔细地把附在纸上及器皿周围的咖啡因用小刀刮下。称量所得产物，测其熔点。

5. 打扫

打扫卫生。

七、注意事项

（1）酒精灯的酒精不能加得太多，必须按照规范添加。

（2）所用索氏提取器或者恒压滴液漏斗必须仔细检漏，涂好凡士林，放液操作要规范，预防回流时乙醇漏出滴落到石棉网上造成危险。

（3）必须先放一小团棉花或滤纸片在恒压漏斗的底部，再加入茶叶，避免回流时造成堵塞。

（4）回流提取时，应控制好加热的速率，若提取液的颜色很淡时，即可停止提取。

（5）停止回流时，必须熄灭酒精灯，待冷却后再拆卸装置，进行下一步操作。

（6）蒸馏装置安装要规范，蒸馏浓缩操作完成后，熄灭酒精灯，稍冷后必须使用干毛巾包着或戴上防烫耐热的手套，趁热将残留浓缩液转移到事先洗净烘干的蒸发皿中，并加入氧化钙。

（7）蒸馏浓缩时乙醇不可蒸得太干，否则残液很黏，转移时损失较大。

（8）水蒸气浓缩操作时，提供水蒸气的烧杯中的水不要加太多，保证酒精灯能加热杯中水提供足够的蒸气。

（9）升华操作中用来收集咖啡因晶体的滤纸上扎的孔不要太大。

（10）升华操作是实验成功的关键。升华过程中始终都应严格控制用小火间接加热，如温度太高，会发生炭化，从而将一些有色物带入产物；温度低，咖啡因又不能升华。注意温度计应放在合适的位置而正确反映出升华的温度。

如无砂浴，也可用简易空气浴加热升华，即将蒸发皿底部稍离开石棉网进行加热，并在附近悬挂温度计指示升华温度。

（11）实验完成后，蒸发皿等必须冷却后再进行清洗，蒸发皿中的残留渣滓必须倒入规定位置，并洒少许水在上面，避免着火。

八、思考题

（1）用升华法提纯固体化合物有什么优点和局限性？

（2）提纯咖啡因时加氧化钙的目的是什么？

（3）从茶叶中提取出的粗咖啡因有绿色光泽，为什么？

第十二章 其他助剂

除了前面介绍的表面活性剂、塑料助剂、食品添加剂、香料、农药、涂料、胶黏剂、化妆品、洗涤剂等助剂外，还存在许多其他种类的助剂，比如防水剂、引发剂、化学发光物质等，本章就简要介绍其中几种助剂的制备。

实验一 防水剂 CR 的制备

一、实验目的

(1) 熟悉织物防水剂的结构、性能与应用。
(2) 熟悉防水剂 CR 的结构、性能和用途。
(3) 熟悉防水剂 CR 的合成方法和注意事项。

二、实验原理

防水剂是指能使织物、皮革等物料不被水润湿渗透而具有防水防潮性能的化学品，广泛用于服装、帐篷、餐桌布、汽车防护罩等的生产中。目前市场上使用的防水剂主要分为含氟防水剂和无氟防水剂两大类，常见的无氟防水剂也可分为两类：长链烷烃类防水剂（包括常见的金属皂类、石蜡类、羟甲基、吡啶类等）和有机硅防水剂。含氟防水剂防水拒油、耐洗性好，但成本偏高，且所含全氟辛烷磺酰基类化合物（PFOS）和全氟辛酸（PFOA）的生物降解性差，对人体和环境存在潜在危害，且目前国内外尚无行之有效的方法来解决 PFOS 和 PFOA 的污染问题。无氟防水剂的分子中通常具有疏水性的长碳链或聚有机硅氧烷链，同时又有能与被处理的物料牢固结合的基团。无氟防水剂不易在生物体内沉积，对人体无害，容易降解，是更加安全和环保的产品。防水剂 CR 就是无氟防水剂中重要的一种，其分子的一端含有脂肪酸长碳链，另一端含有能与羟基氧原子（存在于纤维素分子）或酰胺基氧原子（存在于蛋白质分子）形成配价键的三价铬原子。

防水剂 CR 防水性能好，耐干洗、耐水洗性能中等，透气性好。用防水剂 CR 水溶液浸泡织物，加热后脂肪酸铬配合物发生水解并与—OH 或—CONH—结合，同时水解产物自相缩合形成高分子薄膜覆盖在织物纤维表面，使处理过的织物纤维具有拒水、柔软、透气、防污等性能，这种性能不容易因皂洗或干洗而减弱。但其遇碱能逐渐水解，影响性能；加水后也会慢慢水解和聚合，使产品逐渐失效，所以加水后应在数小时内使用。防水剂 CR 可与阳离子型和非离子型表面活性剂等同时使用，但不能与酸性染料、直接染料或阴离子型表面活性剂等共存。防水剂 CR 本身为绿色，白色织物经整理后带有浅绿色，因此不适用于白色和浅色织物，只适用于深色织物，一般用量在 2%～4%，如超过 5%，则近乎是绿色染料。

防水剂 CR 的制备方法主要为：异丙醇将铬酸酐还原成三价化合物，后者与硬脂酸反应而形成配合物，该配合物与反应体系中其他成分组成的均一混合物即称为防水剂 CR，其制法和应用原理如下式：

$$RCOOH + 2CrO_3 + 4HCl + 3(CH_3)_2CHOH \longrightarrow$$

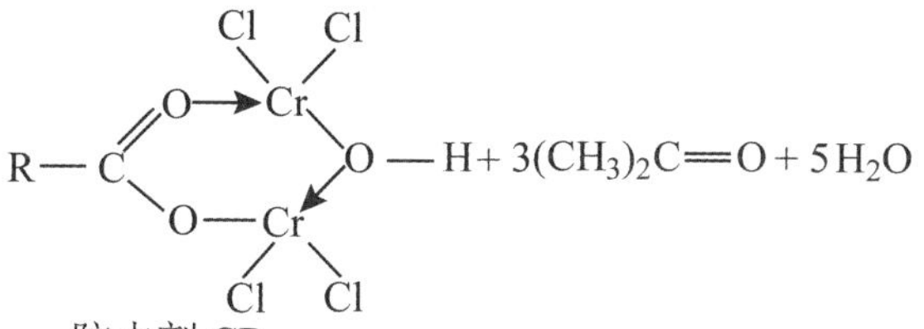

防水剂 CR

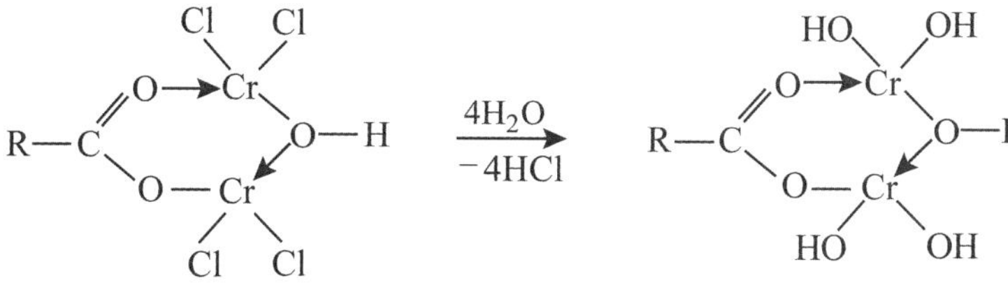

$+ 3(CH_3)_2C{=}O + 5H_2O$

防水剂 CR　$\xrightarrow[-4HCl]{4H_2O}$

$+ xH_2O$

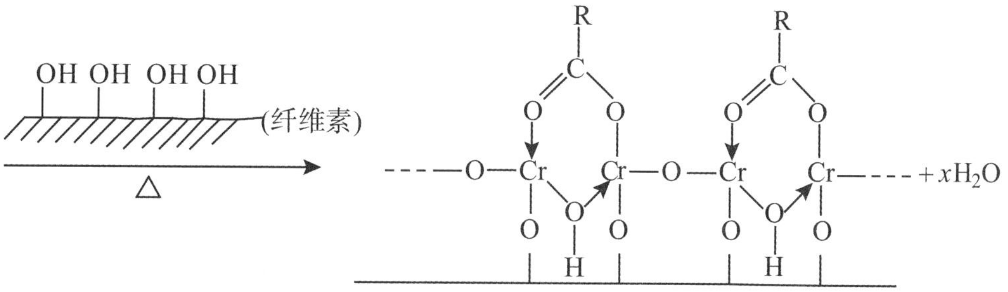

三、仪器与试剂

主要仪器：磁力加热搅拌器、烧杯、三颈烧瓶、回流冷凝管、恒压滴液漏斗、温度计等。

主要试剂：硬脂酸、三氧化铬（铬酸酐）、异丙醇、浓盐酸（34%）、六次甲基四胺等。

四、试剂主要物理常数

试剂名称	分子量	熔点/℃	沸点/℃	密度/g·cm⁻³	水溶解性
三氧化铬	100.0	196		2.7	溶于水
浓盐酸	34.5	−35	5.8	1.179	易溶于水
硬脂酸	284.48	67~69		0.9408	不溶于水
异丙醇	60.06	−88.5	82.5	0.7855	溶于水
六次甲基四胺	140.18	263		1.33	溶于水

五、装置图

图 12.1 反应装置

六、实验步骤

（1）在 100 mL 烧杯中加入 7 mL 水、16 mL 浓盐酸（34%）和 8.5 g（0.085 mol）三氧化铬，在室温下搅拌至完全溶解，放置备用。

（2）在 250 mL 三颈瓶中加入 27 mL 异丙醇（0.3531 mol）和 2 mL 浓盐酸，按照图 12.1 装上回流冷凝管、温度计和恒压滴液漏斗，启动搅拌，加热升温到 60 ℃ 左右。在滴液漏斗中慢慢加入上一步配制的三氧化铬溶液。待添加完毕，将温度升高到 70 ℃ 左右，继续保温并搅拌 30 min，降温冷却。

待冷却至 30~40 ℃ 后，在搅拌下向三颈瓶中加入 14.5 g（0.0510 mol）硬脂酸。添加完毕后，重新升温至 70 ℃，并搅拌反应 3~4 h。反应末期，可每隔一段时间取 1 mL 反应瓶中样品放入 500 mL 水中，当能完全溶解而不再出现白色沉淀物时，可认为反应已经完成。降温至 30 ℃ 以下，再补加 5 mL 异丙醇，搅拌均匀后出料，即得产品防水剂 CR。本实验制得的产品应为绿色澄清稠厚液体，偏酸性（pH＝4～5 为宜），能按一定比例溶于水，能耐一般的无机酸（pH＝4），但当有大量 SO_4^{2-}、PO_4^{3-}、$Cr_2O_7^{2-}$ 存在时会产生沉淀，且该产品不能与碱性溶液混合。

（3）应用试验。

防水剂 CR 适用于棉、麻、丝绸、羊毛、锦纶等纤维及其混纺织物的防水处理。

取 35 g 防水剂 CR 和 4.2 g 六次甲基四胺（缓冲试剂，控制防水剂溶液 pH 值，以免纤维受损伤）溶于水中，加水稀释至 500 mL，将要处理的棉、麻等织物放入其中浸泡 5～10 min，取出挤干，在 50～70 ℃ 下烘干，再在 120 ℃ 下烘焙 4～5 min，最后皂洗、水洗、烘干，即得防水织物产品。

七、注意事项

（1）应在温度降下来之后再添加硬脂酸。

（2）要注意观察反应终点。

（3）为了保证获得水溶性好的产品，异丙醇加入量需大大过量，否则如果按照计算量加入异丙醇，则得到的产品为蜡状固体且难溶于水。

八、思考题

（1）怎么判断反应是否已经完成？

（2）合成过程中，为什么异丙醇加入量要大大过量呢？

实验二　固体酒精的制备

一、实验目的

（1）熟悉固体酒精的结构、特点和应用价值。

（2）熟悉固体酒精的制备方法和注意事项。

二、实验原理

酒精的学名是乙醇，它以玉米、小麦、薯类、糖蜜或植物等为原料，经发酵、蒸馏而制成，另外还有部分来自合成。酒精也是一种易燃、易挥发的液体，沸点是 78 ℃，凝固点是 -114 ℃，是一种重要的有机化工原料，可广泛应用于化学、食品等工业，也可作为一种清洁燃料应用于日常生活中。但常温下酒精是液体，较易挥发，液体酒精在使用和储存时非常不方便，也不安全，容易引起火灾或烧伤事故。为解决这个问题，固体酒精就应运而生。

固体酒精也被称为"酒精块"或固体燃料块，是在工业酒精（主要成分为乙醇）中加入凝固剂使之成为固体形态而制成的。固体酒精使用、运输和携带方便，燃烧时对环境的污染较少，与液体酒精相比比较安全，广泛应用于餐饮业、旅游业和野外作业等场合。尽管获得了较为广泛的应用，但在选择和使用时也要小心识别，部分小作坊为了节省成本，使用甲醇为原料，这种伪劣固体酒精燃烧时产生二氧化碳、二氧化硫等气体，再加上甲醛、甲醇易挥发，最终混合为成分不一的有害气体，有明显刺鼻气味；甲醇蒸气可通过呼吸道进入体内，造成中毒现象。一种好的固体酒精应该具有易点燃、燃烧热值高、无黑烟、无异味，燃烧后残渣少，储存时即使在夏季也不软化、不分离出液体酒精等特点；考虑到燃烧时的安全性，固体酒精最好在燃烧过程中始终保持固体状态，成本也不能过高。

固体酒精的制法有很多，这些方法的差别主要是选择了不同的固化剂。目前，所使用的固化剂主要有乙酸钙、硝化纤维、乙基羧基乙基纤维素、高级脂肪酸等。另外，从固化条件上来看，有一步法和两步法之区别。将各种添加剂投入一份酒精溶液中进行溶解和冷却固化，我们称之为一步法；将不同添加剂分别投入两份酒精溶液中，再进行混合固化，我们称之为两步法。还可加入硝酸铜、硝酸钴等染色剂制备彩色固体酒精。本实验将简单介绍几种方法。

石蜡是固态烃的混合物，在本实验中起固化剂和黏结剂作用，且可以燃烧，但加入量不能太大，否则燃烧不充分，会产生烟和异味。

硬脂酸和氢氧化钠反应生成硬脂酸钠，从而起到固化剂作用。乙酸钙由乙酸和碳酸钙反应制得，在本实验中起固化剂作用。虫胶是紫胶虫吸取寄主树树液后分泌出的紫色天然树脂，可作黏结剂。羧甲基纤维素和硝化纤维都是纤维素的取代衍生物，均起凝固剂的作用。

琼脂粉是一类从石花菜及其他红藻类植物中提取出来的藻胶，具有特殊的凝胶性质，特别是显著的稳固性、滞度和滞后性，并且易吸收水分，还具有特殊的稳定效应，广泛应用于食品、医药、化工、纺织、国防等领域，本实验中可作胶凝剂、固化剂。

三、仪器与试剂

主要仪器：磁力加热搅拌器、圆底烧瓶、三颈烧瓶、回流冷凝管等。

主要试剂：

（1）工业酒精（95%）、硬脂酸、氢氧化钠、石蜡等。

（2）工业酒精（95%）、琼脂粉等。

（3）工业酒精（95%）、碳酸钙、乙酸等。

（4）工业酒精（95%）、硬脂酸、氢氧化钠、虫胶片等。

（5）工业酒精（95%）、丙酮、乙酸乙酯、硝化纤维。

（6）工业酒精（95%）、丙酮、羧甲基纤维素。

（7）工业酒精（95%）、硝酸铜、氢氧化钠、酚酞、硬脂酸等。

四、试剂主要物理常数

试剂名称	分子量	熔点/℃	沸点/℃	密度/g·cm^{-3}	水溶解性
乙酸	60.05	16.6	117.9	1.05	易溶于水
碳酸钙	100.09	1339		2.93	不溶于水
乙酸钙	158.17	160		1.5	易溶于水
硬脂酸	284.48	67~69		0.9408	微溶于水
丙酮	58.08	−94.6	56.5	0.788	与水混溶
乙酸乙酯	88.11	−84	77	0.902	微溶于水
硝化纤维	459.3~594.3	160~170		1.66	难溶于水
羧甲基纤维素	240.2				溶于水
硝酸铜	187.56	115		2.32	易溶于水
氢氧化钠	40.0	318.4	1390	2.13	极易溶于水

五、装置图

图12.2　反应装置（一）

图12.3　反应装置（二）

六、实验步骤

1. 普通固体酒精的制备

方法1：

（1）将0.75 g（0.018 mol）氢氧化钠和6.7 g水加入50 mL烧杯中，搅拌溶解后再加入13 mL酒精，搅匀。

（2）向100 mL圆底烧瓶中加入4.5 g（0.017 mol）硬脂酸、1 g石蜡、25 mL酒精和2~3粒沸石，摇匀后按照图12.2装上回流冷凝管。在水浴上加热至约60 ℃，保温至固体溶解为止。

（3）将上述碱液从冷凝管上端加进含硬脂酸、石蜡和酒精的圆底烧瓶中。加完后在水浴上加热回流15 min使反应完全。移去水浴，待物料稍冷而停止回流时，趁热倒入模具，冷却后取出即得到成品。

切一小块产品点燃，观察燃烧情况。

方法2：

在250 mL圆底烧瓶中加入2 g琼脂粉、25 mL沸水和一颗搅拌子，按照图12.2装上回流冷凝管，并在沸水浴下启动搅拌。当琼脂粉充分溶解后，从冷凝管上端慢慢加入75 mL工业酒精，加完后在水浴上加热回流15 min充分混配。移去水浴，待物料稍冷而停止回流时，趁热倒入模具，冷却后取出即得到成品。

该方法制得的固体酒精不污染环境，燃烧过程中也没有异味，不冒黑烟，燃烧后基本无残渣。

方法3：

（1）将3 g（0.03 mol）碳酸钙和20 mL水加入100 mL烧杯中，混合得到悬浮液，再在搅拌下逐次少量加入冰乙酸直到不再产生气泡为止（乙酸与碳酸钙反应生成乙酸钙、水和二氧化碳），将所得溶液蒸发制成饱和溶液即得乙酸钙饱和溶液。

（2）将此乙酸钙饱和溶液转入250 mL圆底烧瓶中，并加入2~3粒沸石，按照图12.2装上回流冷凝管。在80 ℃水浴下从冷凝管上端按照乙酸钙饱和溶液和工业酒精1:9的体积比加入酒精。酒精添加完毕后在此温度下回流10 min。移去水浴，待物料稍冷而停止回流时，趁热倒入模具，冷却后取出即得到成品。

方法4：

（1）称取0.8 g（0.02 mol）氢氧化钠，迅速加入250 mL圆底烧瓶中，再向其中加入1 g虫胶片、80 mL酒精和一颗搅拌子。按照图12.2装上回流冷凝管，80 ℃水浴下加热回流至固体完全溶解为止。

（2）在100 mL烧杯中加入5 g（0.0176 mol）硬脂酸和20 mL酒精，在水浴上温热至全部溶解。然后将烧杯中液体从冷凝管上端加入含氢氧化钠、虫胶片和酒精的圆底烧瓶中，启动搅拌使其混合均匀。在 80 ℃下继续搅拌回流 10 min，移去水浴，自然冷却。待降温到 60 ℃时，转移到一带盖子模具中。盖上模具盖子，自然冷却至室温后，从模具取出即得成品固体酒精。

方法 5：

（1）将 5 g（0.0095 mol）硝化纤维、20 mL（0.2713 mol）丙酮、5 mL（0.0512 mol）乙酸乙酯和 2~3 粒沸石加入 100 mL 圆底烧瓶中，按照图 12.2 装上回流冷凝管，在水浴下加热使硝化纤维溶解，备用。

（2）在 250 mL 烧杯中加入 115 mL 工业酒精，40 ℃水浴温度下将上述备用液在搅拌下加入烧杯中，酒精迅速凝固成凝胶状固体，冷却包装，即为成品固体酒精。

方法 6：

（1）将 11 g（0.0458 mol）羧甲基纤维素、20 mL（0.2713 mol）丙酮和 2~3 粒沸石加入 100 mL 圆底烧瓶中，按照图 12.2 装上回流冷凝管，在水浴下加热使羧甲基纤维素溶解，备用。

（2）在 250 mL 烧杯中加入 127 mL 工业酒精和 5 mL 水，40~50 ℃水浴温度下将上述备用液在搅拌下加入烧杯中，酒精迅速凝固成凝胶状固体，冷却包装，即为成品固体酒精。

2. 彩色固体酒精的制备

（1）称取 1 g（0.0053 mol）硝酸铜在 50 mL 烧杯中配制 10%的硝酸铜溶液，备用；称取 0.8 g（0.02 mol）氢氧化钠配制成 10 mL 8%的溶液，并加入 10 mL 工业酒精混合均匀，备用；称取 0.1 g 酚酞加入 10 mL 工业酒精中配成溶液，备用。

（2）在 250 mL 三颈瓶中加入 5 g（0.0176 mol）硬脂酸、95 mL 工业酒精和两滴酚酞溶液及一颗搅拌子，按照图 12.3 装上温度计、恒压滴液漏斗和回流冷凝管，水浴加热，搅拌，回流。维持水浴温度在 70 ℃左右，直至硬脂酸全部溶解后，马上从恒压滴液漏斗中滴加事先配好了的氢氧化钠混合溶液，滴加速度先快后慢，滴至溶液颜色由无色变为浅红又马上褪掉为止。继续维持水浴温度在 70 ℃左右，继续搅拌回流反应 10 min 后，一次性加入 2.5 mL 10%的硝酸铜溶液，再反应 5 min 后，停止加热。冷却至 60 ℃，将溶液倒入模具中，自然冷却后得嫩蓝绿色的固体酒精。若改用一次性加入 0.5 mL 10%的硝酸钴溶液，可得浅紫色的固体酒精。

七、注意事项

（1）用方法 4 制作固体酒精时，反应完成后转移到模具中时要盖上盖子以减少酒精的挥发。

(2) 硝化纤维易燃易爆, 所以在使用硝化纤维制作固体酒精时应特别注意。

(3) 制备固体酒精时不要使用明火, 最好在水浴下进行。

(4) 制备固体酒精回流时, 应该装上回流冷凝管。

八、思考题

(1) 制备固体酒精的各种方法中, 固化剂分别是什么?

(2) 制备彩色固体酒精时, 为什么要滴加酚酞溶液呢? 硝酸铜的作用是什么?

实验三　羧甲基纤维素的制备

一、实验目的

(1) 熟悉羧甲基纤维素及其钠盐的结构、性质和用途。

(2) 熟悉羧甲基纤维素的制备方法和注意事项。

二、实验原理

天然纤维素是自然界中分布最广、含量最多的多糖, 来源十分丰富。当前纤维素的改性技术主要集中在醚化和酯化两方面。羧甲基纤维素 (CMC) 就是天然纤维素经羧甲基化改性得到的一种阴离子、直链、水溶性纤维素醚, 一种纤维素的衍生物。羧甲基纤维素是利用纤维素在浓碱液浸泡下制得碱纤维素, 然后使碱纤维素与氯乙酸反应合成羧甲基纤维素钠, 再中和制得的。

纤维素　　　　　　　　　碱纤维素　　　　　　羧甲基纤维素钠

由于羧甲基纤维素难溶于水, 所以使用的常常是其钠盐, 也简称为 CMC。羧甲基纤维素钠由德国于 1918 年首先制得, 并于 1921 年获准专利而见诸于世, 此后便在欧洲实现商业化生产, 当时只为粗产品, 用作胶体和黏结剂。第二次世界大战期间, 德国将羧甲基纤维素钠用于合成洗涤剂。Hercules 公司于 1943 年为美国首次制出羧甲基纤维素钠, 并于

1946 年生产出精制的羧甲基纤维素钠产品，该产品被认可为安全的食品添加剂。

CMC 为白色或微黄色絮状纤维粉末，无嗅无味，无毒；溶液为中性或微碱性，有吸湿性，对光热稳定，黏度随温度的升高而降低。羧甲基纤维素易溶于冷水或热水，形成透明溶液，其水溶液具有增稠、成膜、黏结、水分保持、胶体保护、乳化及悬浮等作用，因此其工业用途非常广泛。

CMC 的技术指标主要有聚合度、取代度、纯度、含水量及其水溶液的黏度、pH 值等。其中取代度是最关键的指标，决定了其性质和用途。一般而言，提高羧甲基纤维素的取代度，它的水溶性、黏度及抗盐性能也有所提高。取代度（DS）是指每个纤维素大分子葡萄糖残基环上的羟基被羧甲基所取代的平均数目。每个纤维素分子的每个结构单元有 3 个羟基，因此羧甲基纤维素取代度的最大理论值为 3。取代度不同，则溶解度和稳定性不同，取代度增大，溶解性就增强，溶液的透明度及稳定性也越好。

目前 CMC 已获得广泛的应用，在石油钻探中羧甲基纤维素钠可用于保护油井作为泥浆稳定剂、保水剂；在纺织工业中可用作上浆剂、印染浆的增稠剂、纺织品印花及硬挺整理；在造纸行业中可用作纸面平滑剂、施胶剂；在陶瓷工业中可作毛坯的胶黏剂、可塑剂、釉药的悬浮剂、固色剂等；在化妆品中作为水溶胶，在牙膏中用作增稠剂；在医药工业中可作针剂的乳化稳定剂，片剂的黏结剂和成膜剂；在食品工业中可作冰激凌饮料、果酱、糖汁、果子露、点心、罐头、速煮面的增稠剂、啤酒的泡沫稳定剂等。

制备羧甲基纤维素的原料纤维素可用未变质的植物纤维，比如棉花等。作为食品添加剂时原料要求更为严格，应选取脱脂和漂白处理的棉短绒纤维作原料。另一种原料氯乙酸腐蚀性很强，皮肤沾上即感到难受和疼痛，因此使用时要特别小心，应戴上橡胶手套。

三、仪器与试剂

主要仪器：烧杯、布什漏斗、抽滤瓶等。

主要试剂：95%乙醇、90%乙醇、70%乙醇、氯乙酸、35%氢氧化钠、脱脂棉、5%盐酸等。

四、试剂主要物理常数

试剂名称	分子量	熔点/℃	沸点/℃	密度/g·cm⁻³	水溶解性
氯乙酸	94.49	61~63	188	1.58	溶于水
乙醇	46.07	-114	78	0.789	混溶于水

五、装置图

图 12.4　反应装置

六、实验步骤

1. 方法 1

1）碱化棉的制备

称取 5 g 脱脂棉扯碎后放入 250 mL 烧杯中，加入 40~50 mL 的 35% 氢氧化钠溶液，其用量以刚好浸没脱脂棉为度。控制温度在 30~35 ℃ 间保温浸泡 30 min，期间间歇轻轻搅拌。将碱液倾出回收，并用玻璃棒或玻璃钉挤压脱脂棉使碱液尽量流出，合并碱液供下次实验重复使用。残留的脱脂棉即碱化棉。

2）羧甲基纤维素钠的制备

向 100 mL 烧杯中加入 4 g（0.0423 mol）氯乙酸和 40 mL 90% 乙醇，搅拌溶解，备用。

将上一步制得的碱化棉放到另一 250 mL 烧杯中，加入 60 mL 90% 乙醇，搅拌使碱化棉充分分散。升温到 35~40 ℃，并在此温度下慢慢加入前面配制的氯乙酸溶液，30 min 内加完。随后保持在 40 ℃ 温度下搅拌反应 3 h 左右。反应后期注意检查反应终点，可每间隔一段时间取出少量絮状样品放入大试管中，加入热水，若振荡片刻就能完全溶解则达到终点。到终点后，将反应混合物中乙醇溶液全部倾出回收。

在上一步的 250 mL 烧杯中，向余下的醚化棉中加入 50 mL 70% 乙醇，搅拌 10 min，然后滴入几滴酚酞指示剂（1% 酚酞乙醇溶液），如果呈现红色，则用 5% 盐酸调节至红色刚刚消失为止。倾出乙醇溶液，并将残留的醚化棉压干。将此醚化棉放到烧杯中，再加入 50 mL 70% 乙醇，搅拌 10 min，以除去残余无机盐。按照同样方法重复洗涤一次，抽滤压干。所有乙醇母液都要回收。

将制得的粗产物扯开，在不超过 80 ℃ 的温度下通风干燥，最后粉碎成白色粉末即产品羧甲基纤维素。

2. 方法 2

1）碱化

称取 5 g 干纸浆（浆渣）放入 250 mL 三颈瓶中，再向其中加入 5 g（0.125 mol）左右氢氧化钠、5 mL 水和 11 mL 95% 乙醇，按照图 12.4 装上温度计和回流冷凝管，升温到 30~35 ℃间保温回流 40~45 min。

2）醚化

向三颈瓶中加入 6 g（0.0635 mol）氯乙酸，然后升温到 70 ℃，保温回流 70~150 min。反应后期注意检查反应终点，可每间隔一段时间取出少量絮状样品放入大试管中，加入热水，若振荡片刻就能完全溶解则达到终点。

3）中和

用 5% 盐酸调节 pH 值至中性，过滤，用乙醇洗涤 2~3 次，在低于 80 ℃ 温度下烘干。

七、注意事项

（1）氯乙酸有毒，且腐蚀性很强，对皮肤有强烈的刺激性，因此使用时要特别小心，尤其是不要吸入其蒸汽及与皮肤接触，最好戴上专用的橡胶手套和在通风设备下进行。

（2）氯乙酸也很容易吸湿潮解，取用后应立即将盛装氯乙酸的容器密封好。

（3）反应完成后，抽滤分离产品时，如果母液滤出减慢时，要更换抽滤瓶，以免回收的母液被抽干。

（4）醚化反应接近终点时要注意判断反应终点。

八、思考题

（1）加入 5% 盐酸的目的是什么？

（2）使用氯乙酸时应注意什么？

（3）为什么在方法 1 中使用了不同浓度的乙醇呢？

（4）怎么判断醚化过程的反应终点？

附　录

实验中涉及的常用仪器简介

序号	仪器	名称	用途	注意事项
1		玻璃棒	①搅拌；②引流；③蘸取少量液体；④转移固体	
2		药匙	取用粉末状或颗粒状的固体药品	
3		石棉网	用于加热（高温）不能直接被加热的容器。本身耐高温，能使容器均匀受热	
4		铁架台	用于夹持和固定各种仪器。附有铁圈和铁夹，铁夹内衬有绒布或橡皮，松紧适度	

序号	仪器	名称	用途	注意事项
5		托盘天平	称量物质的质量，精度为 0.1 g	①称量前先调零，左物右砝。②称量干燥的固体药品应放在纸上称量。③易潮解、有腐蚀性的药品（如 NaOH 等），必须放在玻璃器皿里称量。④取用砝码应用镊子夹取，先加质量大的砝码，再加质量小的砝码。⑤称量完毕后，应把砝码放回砝码盒中，把游码移回零处
6		电子分析天平	称量物质的质量，精度为 0.0001 g。供实验室称量试剂、药品等使用	环境温度范围：0~50 ℃；最大相对湿度范围：45%~65% RH；电压 220 V，频率 50 Hz
7		量筒	用于量取液体的体积	①使用时注意量程和分度值。②水平放置，读数时视线应与凹液面最低处水平。③仰视时读数偏小，俯视时偏大。④不能加热和在其内配制溶液，不能做反应容器

续表

序号	仪器	名称	用途	注意事项
8	球型	分液漏斗	用于萃取和分离不相溶的液体	
	梨型			①活塞能控制气体逸出。不要把分液漏斗的末端插入液面以下。②分液漏斗顶塞、旋塞和分液漏斗主体一一对应，不能与其他分液漏斗互换使用
	筒型			

序号	仪器	名称	用途	注意事项
9		长颈漏斗	用于过滤和向小口径容器内注入液体	不能加热，使用时应与滤纸相匹配
10		温度计	用于测量液体或气体的温度	①注意选择好量程和分度值。②应在液体中读数。读数时视线应与示数水平。③不能用于搅拌
11		酒精灯	用于试剂量不多、温度要求不高的反应和实验装置的加热（热源）	①使用前检查酒精灯，酒精量为1/4~2/3。②加热用外焰，先预热。③点燃时用火柴，不能用一个酒精灯直接点燃另一个。④熄灭时用灯帽熄灭，同时要盖两次
12		电加热套	用于回流、蒸馏等加热	注意最终温度的控制。使用外置温度传感器时，内置温度传感器自动失效。外置温度传感器测温更准确

序号	仪器	名称	用途	注意事项
13		容量瓶	用于精确配制一定体积、一定物质的量浓度的溶液的仪器	①使用前检查是否漏水。②用玻璃棒引流、用胶头滴管定容、与凹液面相切。③只能配制容量瓶上规定容积的溶液。④容量瓶的容积是在 20 ℃时标定的，转移到瓶中的溶液的温度应在 20 ℃左右。⑤不作反应容器，不可加热，瓶塞不能互换，不宜储存配好的溶液
14		移液管	用来准确移取一定体积的溶液	①使用时注意分度值。②仰视读数偏小，俯视读数偏大。③水平放置，读数时视线应与凹液面最低处水平
15		锥形瓶	用于干燥产品、蒸馏时接收产品	液体不超过容积的 1/3

序号	仪器	名称	用途	注意事项
16		烧瓶：可分为圆底烧瓶、平底烧瓶和蒸馏烧瓶。注意圆底烧瓶与蒸馏烧瓶的区别	用作试剂量较大而又有液体物质参加反应的容器，可用于装配气体发生装置。蒸馏烧瓶用于蒸馏以分离互溶的沸点不同的物质	①圆底烧瓶和蒸馏烧瓶可用于加热，加热时要垫石棉网，也可用其他热浴（如水浴等）加热。②液体加入量不要超过烧瓶容积的2/3，加热时不少于烧瓶容积的1/3，作为反应瓶回流或常压蒸馏时需加沸石以防暴沸
17		烧杯	用作配制溶液和较大剂量的反应容器，在常温或加热时使用（水浴加热）。	①加热时应放置在石棉网上，使受热均匀。②溶解物质用玻璃棒搅拌时，不能触及杯壁或杯底，反应液量不超过容积的2/3，加热时不超过1/2。③须注意常用规格的选择（如配100 mL溶液）

序号	仪器	名称	用途	注意事项
18		蒸发皿	蒸发或浓缩溶液或结晶	①可直接加热,但不能骤冷。②盛液量不应超过蒸发皿容积的2/3,结晶时,近干时可停止加热。③取放蒸发皿应使用坩埚钳。④加热后的蒸发皿要放在石棉网上冷却
19		研钵	研磨固体	不研易爆物,不作反应器
20		蒸馏头	蒸馏时用于连接蒸馏瓶与冷凝管	①在使用前应在磨口涂凡士林。②如需测定温度,温度计水银球的上端应与蒸馏头支管口下沿处于同一水平面上
21		布氏漏斗	用于减压过滤	使用完时应洗净倒扣于桌面上
22		抽滤瓶	减压过滤装置中承接滤液的容器	①布氏漏斗的颈口斜面应与抽滤瓶的支管口相对;②滤液高度接近支管口时,拔掉抽滤瓶上的橡皮管,从抽滤瓶上口倒出溶液,不要从支管口倒出。③ 抽滤完毕或中途停止时,须先打开安全瓶旋塞,然后拆下连接安全瓶和抽滤瓶的橡皮管,最后关闭循环水泵的电源停止抽气

序号	仪器	名称	用途	注意事项
23		三颈烧瓶	三颈烧瓶有三个口，可以同时加入多种反应物，或是安装冷凝管	
24		恒压滴液漏斗	为防止反应剧烈，将反应物逐滴加入反应体系时采用	上、下磨口按标准磨口配套，活塞不能跟其他恒压滴液漏斗旋塞互换使用
25		直形冷凝管	用于冷凝蒸气（空气冷凝管用于蒸馏沸点高于140 ℃的物质）。球形冷凝管主要用于回流；直形冷凝管主要用于蒸馏	连接口用标准磨口连接，不可骤冷、骤热。使用时下口进冷却水，上口出水
26		空气冷凝管		
27		球形冷凝管		

序号	仪器	名称	用途	注意事项
28		真空接引管	用于蒸馏，连接冷凝管与接收瓶	磨口按标准磨口配套
29		克氏蒸馏头	作减压蒸馏的蒸馏头，便于同时安装提供微量气体（汽化中心）的毛细管和温度计，并防止减压蒸馏过程中液体因剧烈沸腾而冲入冷凝管	接口较多，注意接口处涂上凡士林，确保接口处的气密性良好
30		油水分离器，简称分水器	接收回流蒸气冷凝液，并将冷凝液中的水从有机物中分出	磨口按标准磨口配套
31		表面皿	可以用来做一些蒸发液体的工作，它可以让液体的表面积加大，从而加快蒸发。可以作盖子，盖在蒸发皿或烧杯上，防止灰尘落入蒸发皿或烧杯；可以作容器，暂时盛放固体或液体试剂，方便取用；可以作承载器，用来承载 pH 试纸，使滴在试纸上的酸液或碱液不腐蚀实验台	不能像蒸发皿那样加热

序号	仪器	名称	用途	注意事项
32		培养皿	培养皿是一种用于微生物或细胞培养的实验室器皿，由一个平面圆盘状的底和一个盖组成，一般用玻璃或塑料制成	
33		三叉燕尾管	分离沸点不同的液体有机化合物。在不同温度下加热混合物，沸点不同，出来的先后顺序不同，可以通过燕尾管来实现不拆卸仪器的分离收集	
34		干燥管	如反应物怕受潮，在冷凝管上端装干燥管来防止湿空气侵入	①接冷凝管磨口应按标准磨口配套。②颗粒状干燥剂填装不能太多，填满大半个球体即可
35		减压毛细管	形成汽化中心，防止暴沸，起到长效止爆的作用	一般安装于液面以下，下端离瓶底约 1mm 处，安装时要小心，容易被折断

续表

序号	仪器	名称	用途	注意事项
36		空心玻璃塞	用于密闭标准磨口的圆底烧瓶或锥形瓶等	
37		温度计套管	用于连接温度计与烧瓶或蒸馏瓶，也可用于连接反应器与搅拌器	磨口按标准磨口配套，使用时套管上端应套一短胶管
38		索氏提取管	用于组装索氏提取器	使用时注意虹吸管易碎
39		玻璃层析柱	用于吸附柱色谱和离子交换柱色谱	注意选择合适的内径和有效长度

序号	仪器	名称	用途	注意事项
40		乳胶管	乳胶管是乳胶材质制成的管子,主要应用于科研实验室连接各种导管,在蒸馏和回流中通冷凝水	
41		玻璃导管	用于连接	
42		SHZ-CD 型循环水式多用真空泵	用于减压过滤、减压蒸馏、真空干燥等	注意水舱中的水要加够,且不要让水等杂质进入电机及开关的线路处,使用完后要尽快关闭真空泵以避免其因长时间使用而发热
43		TDL-5A 低速大容量离心机	用于离心分离	①严禁各种液体或其他杂物进入离心工作室内,以免损坏主机;②仪器外壳应妥善接地,以免整机受潮而发生意外;③离心机在高速运转时请不要随意打开上盖
44		KQ-100DE 型数控超声波清洗机	用于清洗、脱气、辅助提取	①数控超声波清洗机接入的电源必须有接地;②清洗物件不得直接压在清洗槽底部和碰撞底部换能器;③不得使用强酸、强碱以及有爆炸性的化学试剂;④使用过后及时将水放出,避免长期浸泡

序号	仪器	名称	用途	注意事项
45		UWave-1000 微波·紫外·超声波三位一体合成萃取反应仪	用于加热、提取、合成、消解等	①使用前必须认真学习其使用说明；②严禁将各种液体或其他杂物撒到工作室内；③机器运转时尽量远离，以免对身体造成损害
46		T6 新世纪紫外-可见分光光度计	用于测定溶液的吸光度、吸收光谱等	①使用前必须先预热；②仪器进行正常运转检查的时候，千万不能开启样品室盖；③正常运转的时候，严禁把液体溶剂放置于仪器的表层上，如果出现液体外泄的情况，一定要保证进行及时的清洁处理；④不测定时必须将比色皿暗箱盖打开，使光路切断，以延长光电管使用寿命
47		HHS 恒温水浴锅	应用于干燥、浓缩、蒸馏、浸渍化学试剂、浸渍药品和生物制剂，及水浴恒温加热和其他温度试验	使用过程中注意及时补充水，避免干烧；使用过后及时将水放出，避免长期浸泡
48		R-1050Ex 防爆旋转蒸发仪	旋转蒸发仪主要用于蒸发、浓缩、溶剂回收等	①各磨口、密封面、密封圈及接头安装前都需要涂一层真空脂；②加热槽通电前必须加水，不允许无水干烧；③使用时，应先减压，再开动电动机转动蒸馏烧瓶；结束时，应先停止转动，再通大气，以防蒸馏烧瓶在转动中脱落

参考文献

［1］陈锋．表面活性剂性质、结构、计算与应用［M］.北京：中国科学技术出版社，2004：11-13.

［2］高大维．精细化工概要［M］.长春：吉林大学出版社，1999.

［3］侯海云，韩兴刚，冯朋鑫．表面活性剂物理化学基础［M］.西安：西安交通大学出版社，2014：1-3.

［4］袁军湘，郑于浩，陈国兵，等．工业洗涤剂及洗涤技术［M］.长沙：湖南科学技术出版社，1993：235-236.

［5］张桂锋．高职精细化工实验——十二烷基硫酸钠的制备1例［J］.教育研究，2014，21（7）：340-342.

［6］杨晓明，郑庆康，李瑞霞，等．十二烷基硫酸钠的提纯［J］.印染助剂，2002，19（4）：45-47.

［7］陈联群，李春兰，叶莲，等．十二烷基硫酸钠的提纯与纯度测定［J］.内江师范学院学报，2005，20（6）：35-37.

［8］周艳，黄宏志，丁正学，等．十二烷基硫酸钠制备方法的探讨［J］.实验技术与管理，2006，23（3）：41-43.

［9］蔡干，曾汉维，钟振声．有机精细化学品实验［M］.北京：化学工业出版社，1997.

［10］吕成学，李航杰，盖希坤，等．丙酮保护法合成单硬脂酸甘油酯研究［J］.浙江科技学院学报，2016，28（1）：43-47.

［11］谷玉杰，吕剑．高纯度单硬脂酸甘油酯的合成［J］.应用化工，2004，33（2）：27-28，51.

［12］石祖芸，徐敬柱，洪朝，等．高纯度单硬脂酸甘油酯合成研究［J］.化学反应工程与工艺，1995，11（2）：208-212.

［13］黄光斗，贾泽宝．高纯度单硬脂酸甘油酯的制备与应用［J］.湖北化工，1998（5）：25-26.

［14］王红秋，汤国强．塑料助剂的发展现状与趋势［J］.现代塑料加工应用，2003，15（2）：37-40.

［15］赵继芳．塑料助剂的工业现状及研究开发方向［J］.化学与黏合，2005，27（4）：240-243.

［16］刘银乾，王丽娟．塑料助剂的工业现状与发展趋势［J］.石油化工，2002，31（4）：305-310.

［17］杨季和，苏秉钧，周念祖．用正交试验法对过氧化氢氧化联二脲制备偶氮二甲酰胺反应条件的探讨［J］.化学工程与设备，1984（3）：38-42.

［18］陈世豪．过氧化氢氧化法制偶氮二甲酰胺工艺的研究［J］.中国氯碱，2014（5）：45-48.

［19］顾培基．偶氮二甲酰胺的生产现状、合成及用途［J］.上海化工，1998（6）：40-42.

［20］徐以俊，吕启东．石油化工关联行业概览——精细化学品（一）［M］.上海：上海科学普及出版社，1992：415-416.

［21］衷平海．实用塑料制品生产技术及应用配方［M］.南昌：江西科学技术出版社，2005：41-42.

［22］中国石油化工集团公司人事部，中国石油天然气集团公司人事服务中心．石油化工职业技能培训教材：聚丙烯装置操作工［M］.北京：中国石化出版社，2008：113.

［23］周大纲，谢鸽成．塑料老化与防老化技术［M］.北京：中国轻工业出版社，1998：37-38.

［24］赖旭新，郑轶武，李炎．硫代二丙酸二月桂酯应用特性的研究［J］.食品与发酵工业，1999，25（1）：28-31.

［25］李铭新，王新荣，王秉章，等．硫代二丙酸的合成［J］.山东化工，1996（3）：18-19.

［26］汪建红，李巧玲，景红霞，等．阻燃剂2-羧乙基苯基次磷酸的合成方法改进［J］.合成化学，2006，14（2）：187-189.

［27］戈鹏，李巧玲，汪建红，等．苯基二氯化膦的合成工艺改进［J］.合成化学，2006，14（6）：609-611.

［28］刘润平．食品添加剂的发展及展望［J］.食品开发，2009（8）：6-7.

［29］郝利平．食品添加剂（第三版）［M］.北京：中国农业出版社，2016：5-6.

［30］刘树兴，李宏梁，黄峻榕，等．食品添加剂［M］.北京：中国石油化工出版社，2001：3-6.

［31］姜雯，薛巍．谈食品添加剂的发展历程及正确应用［J］.酿酒，2012，39（2）：27-29.

［32］日本化学会．无机化学合成手册［M］.北京：化学工业出版社，1986：597-598.

［33］林玉斌，王磊，王栋．苯甲酸钠的合成与提纯［J］.山东科学，1991，4（1）：68-70.

［34］章思规，章伟．精细化学品及中间体手册（上卷）［M］.北京：化学工业出版社，2004：826-827.

[35] 李玲珍，赵淑桂，易杨柳．对羟基苯甲酸乙酯合成方法的改进 [J]．化学通报，1998 (4)：33.

[36] 李晓莉，张乃茹，张永宏，等．尼泊金乙酯合成的研究 [J]．长春师范大学学报（自然科学版），1994 (2)：25-27.

[37] 郑学忠，单颖．尼泊金乙酯、丁酯合成工艺的改进 [J]．化学世界，1996 (7)：863-864.

[38] 韩广甸，赵树纬，李述文，等．有机制备化学手册·上卷 [M]．北京：化学工业出版社，1980.

[39] 李述文，范如霖，等．实用有机化学手册 [M]．上海：上海科学技术出版社，1986：326-329.

[40] 吴桂岚．山梨酸钾的制备 [J]．陕西化工，1990 (6)：18.

[41] 冼志锋．山梨酸钾的合成及应用分析 [J]．企业科技与发展，2014 (18)：21-22.

[42] 迟玉杰．食品添加剂 [M]．北京：中国轻工业出版社，2013：95-97.

[43] 李公春，张万强，周威，等．苯甲酸乙酯的合成 [J]．河北化工，2010，33 (1)：46-47，70.

[44] 陈美航，唐帮成，李国．苯甲酸乙酯的合成工艺改进 [J]．贵阳学院学报（自然科学版），2013，8 (2)：35-37.

[45] 刘雪梅．肉桂醛的制备 [J]．曲阜师范大学学报，2005，31 (2)：96-98.

[46] 周明，陈征义，申书婷．肉桂醛的制备方法和生物学功能 [J]．动物营养学报，2014，26 (8)：2040-2045.

[47] 霍红，冯凌霞．肉桂醛合成工艺的研究 [J]．安徽化工，2002 (2)：20-21.

[48] 施开良．环境、化学与人类健康：人类社会文明与进步的标志 [M]．北京：化学工业出版社，2002：166-170.

[49] 苏春江，徐云．攀西地区特色生物资源综合开发理论与实践 [M]．成都：四川科学技术出版社，2006：104-105.

[50] 李永红．农药的发展与人类的健康 [J]．生物学通报，2001，36 (5)：12-14.

[51] 徐晓辉，吴书平，马秀玲．农药的发展与使用综述 [J]．安徽农学通报，2014，20 (11)：89-93.

[52] 焦永秋．直接法合成敌敌畏工艺 [J]．新农药，2005 (4)：18-19.

[53] 崔金海．涂料生产与涂装技术 [M]．北京：中国石化出版社，2014：10-14.

[54] 舒友等．涂料配方设计与制备 [M]．成都：西南交通大学出版社，2014：1-2.

[55] 王善伟，杜新胜，徐惠俭，等．丙烯酸酯乳液胶粘剂的研究及应用 [J]．粘结，2015 (1)：92-94.

[56] 周凤, 郑水蓉, 汪前莉, 等. 丙烯酸酯乳液胶黏剂的合成及性能研究 [J]. 中国胶粘剂, 2013, 22 (8): 45-48.

[57] 蔡鑫, 彭育, 胡萍, 等. 丙烯酸酯乳液胶黏剂的研究进展 [J]. 胶体与聚合物, 2012, 30 (3): 141-144.

[58] 马玉峰, 王春鹏, 许玉芝. 酚醛树脂胶黏剂研究进展 [J]. 粘结, 2014 (2): 33-39.

[59] 乔吉超, 胡小玲, 管萍. 酚醛树脂胶黏剂的研究进展 [J]. 中国胶粘剂, 2006, 15 (7): 45-48.

[60] 柳海兰, 张南哲. 木材工业用酚醛树脂胶黏剂的现状及研究进展 [J]. 延边大学学报 (自然科学版), 2006, 32 (2): 118-122.

[61] 徐修成. 胶黏剂及其应用 第三讲 酚醛树脂胶黏剂 [J]. 化工进展, 1992 (1): 51-55.

[62] 肖子英. 膏霜类化妆品配方设计原理 [J]. 香料香精化妆品, 1997 (4): 1-6, 16.

[63] 孙绍曾. 新编实用日用化学品制造技术 [M]. 北京: 化学工业出版社, 1996: 300-323.

[64] 李东光, 翟怀凤. 实用化妆品制造技术 [M]. 北京: 金盾出版社, 1998: 1-2.

[65] 尹卫平, 吕本莲. 精细化工产品及工艺 [M]. 上海: 华东理工大学出版社, 2009: 200-205.

[66] 徐石朋, 陈洋东, 吴树朝, 等. 皂基洗面奶配方工艺设计 [J]. 广东化工, 2018, 45 (2): 73-74.

[67] 杨东雄. 化出你的风情: 女性化妆美容的秘诀 [M]. 北京: 中国商业出版社, 2006: 266-270.

[68] 徐良. 洗面奶剖析 [J]. 中国化妆品, 1998 (5): 41.

[69] 王劲, 陈志龙. 香波的功效及其配方设计 [J]. 日用化学品科学, 2012, 35 (2): 25-28.

[70] 郁伟章. 香波制造概述 [J]. 日用化学工业, 1984 (3): 32-34.

[71] 徐良, 步平. 香波的配方技术与市场发展 [J]. 中国化妆品, 1996 (4): 7-9.

[72] 余来普. 几种香波配方 [J]. 精细与专用化学品, 1985 (23): 8-9.

[73] 张如芬. 珠光剂的应用与分析 [J]. 云南化工, 1998 (4): 61-63.

[74] 余琼, 尹红, 陈志荣. 乙二醇硬脂酸酯型珠光剂的合成与应用研究进展 [J]. 日用化学品科学, 2005, 28 (4): 21-23.

[75] 孟丽丰, 刘东辉, 黄俊. 乙二醇硬脂酸酯型珠光剂的合成及其应用研究 [J]. 应用化工, 2010, 39 (1): 74-79.

[76] 邱国声. 乙二醇硬脂酸酯型珠光剂的研制 [J]. 技术与市场, 2015, 22 (2): 41-42.

[77] D J 伯格曼, 赵伟. 肥皂和表面活性剂的配方与性质 [J]. 日用化学品科学, 2005, 28

（10）：34-36.

[78] EDMUND，GEORGE D，DAVID，等．传统肥皂的洗涤机理［J］．中国洗涤用品工业，2015（4）：40-53.

[79] 方世华，李天云．世界科技史速读［M］．长春：北方妇女儿童出版社，2012：52-53.

[80] 付娜．岁月的印记：世界科技与民俗［M］．长春：时代文艺出版社，2012：78-79.

[81] 朱洪法．生活化学品与健康［M］．北京：金盾出版社，2013.

[82] 易石．日用洗涤剂的发展及最新动态［J］．零陵师专学报（自然科学版），1992（3）：107-111.

[83] 田琳．服用纺织品性能与应用［M］．北京：中国纺织出版社，2014：247-248.

[84] 吴成浩．洗衣技术646问［M］．北京：中国纺织出版社，2014：155.

[85] 杨建峰．世界重大发现与发明［M］．北京：外文出版社，2013：387.

[86] 阿杰尔松 C B．石油化工工艺学［M］．北京：中国石化出版社，1990：297-280.

[87] 兰州大学、复旦大学化学系有机化学教研室．有机化学实验［M］．北京：高等教育出版社，1994.

[88] 赵成英．有机硅织物防水剂应用性能研究［J］．上海化工，2018，43（8）：18-22.

[89] 张澎声．织物防水剂 C R［J］．精细与专用化学品，1985（16）：14-15.

[90] 郑静，汪敦佳，王国宏．固体酒精的制备实验［J］．湖北师范学院学报（自然科学版），2005，25（2）：67-69.

[91] 钱晓春．固体酒精的研制［J］．化学世界，1991（6）：257-258.

[92] 董丽红，张淑香，王洪彦．醋酸钙和硬脂酸钠为固化剂研制固体酒精［J］．通化师范学院学报，2004，25（8）：33-36.

[93] 贾佳，张姗姗，张钟宪．固体酒精的制备研究［J］．首都师范大学学报（自然科学版），2006，27（1）：52-54.

[94] 王茂元，许玉生，仇立干，等．固体酒精燃料生产工艺的改进［J］．应用科技，2002，29（4）：52-53.

[95] 张忠诚，崔健，薛斌．固体酒精制备工艺的研究［J］．山东工业大学学报，2000，30（3）：263-267.

[96] 楼益明．羧甲基纤维素生产及应用［M］．上海：上海科学技术出版社，1991.

[97] 刘关山．羧甲基纤维素的生产与应用［J］．辽宁化工，2002，31（10）：446-451.

[98] 李健，刘雅南，刘宁，等．羧甲基纤维素的制备研究及应用现状［J］．食品工业科技，2014，35（8）：379-382.

[99] 廖立敏，李建凤，黄茜．物质分离与富集实验［M］．武汉：武汉大学出版社，2018.